"中国 小学生爱读本百部经典"活动
好在让小学生推荐，让小学生阅读，让小学生
成为书的主人。

全国百位优秀小学校长、优秀教师

联合编审

(排名不分先后)

王洪夫	马步坤	丁国旭	卢 强	韩建州	高卫宾	李慧茹
朱雪玲	张德喜	姜文华	王春香	张兆琴	毛冰力	张莉香
李秀爱	梁丽娜	霍会英	邢连科	张卫勤	张利军	赵孟华
王贯九	韩德轩	吕国强	赵东成	吕付根	寇中华	葛运亭
张海潮	吕红军	蔡满良	李献中	郑彦山	范富来	陶丘平
康振伟	李富军	刘志敏	张明磊	金云超	张立志	张瑞舟
彭延黎	刘晓红	杨军亚	陈培荣	于建堂	吴贵芹	杨富林
马根文	张根军	李全有	康双发	侯 岩	刘洪亮	杨岁武
王茂林	李启红	赵云枝	周东祥	张华伟	王志保	李河山
李文彦	崔富举	刘新宇	杨海林	营四平	任国防	刘聚喜
刘新峰	潘贞瑞	黄四德	武永炎	孟庆德	朱五营	任敬华
陈建中	耿海根	陈新民	李世恩	陈淑华	丁汉洋	丁耀堂
胡耀丽	潘振生	樊来花	张海云	吴卫亭	李德华	吴双民
张会强	郑学德	张洪涛	张立新	杜 斌	刘青松	朱亚莉
姜 伟	张仲晓					

学习型中国·读书工程

漫步恐龙世界

学习型中国·读书工程教研中心 主编

江苏凤凰科学技术出版社　凤凰含章

主编的话

亲爱的同学们：

　　阅读，可以开阔视野，获取新知；阅读，可以跨越时空，纵横古今中外；阅读，还可以和圣贤对话，与经典同行。

　　杜甫说："读书破万卷，下笔如有神。"的确，取得作文高分的同学都有相同的诀窍——喜欢课外阅读。因为可以从阅读中学到一些好词佳句，掌握写作技巧，积累更多的写作素材。

　　为此，我们精心策划了这套"小学生爱读本"丛书，让小学生们评选出自己最喜欢看的"小学生爱读本百部经典"。根据评选结果，我们邀请全国100位优秀小学校长和老师联合审，本着"强大阵容打造经典精品"的宗旨，精心编纂了这套有利于小学生身心健康成长的大型丛书——中国小学生爱读本百部经典。

　　这套"小学生爱读本"囊括了中国小学生学习、成长、生活的各个方面，堪称国内较权威、完整的小学生家庭阅读书架。

　　约翰生说："一个家庭没有书籍，等于一间屋子没有窗子。"亲爱的同学们，我们殷切地希望你们能多读书、勤读书、读好书，在读书中品味，在品味中思考，在思考中成长。我们也由衷地相信通过阅读这套"小学生爱读本"，你们必定能够吸收到书籍中珍贵的阳光雨露，为日后成长为对人类有贡献的栋梁之才打下坚实的基础。

学习型中国·读书工程教研中心

小学生爱读本的图标

精彩贴切的标题吸引人阅读。

漫步恐龙世界

34

侏罗纪的动物之王——异龙

　　生活在侏罗纪晚期的异龙是一种大型的恐龙，它的牙齿│身体细长，尾巴后半段僵硬。这种恐龙个头很大，最大的大长。异龙还长着一副又高又窄的头骨，强壮的手臂，是那个│的捕食动物，被人们称为"侏罗纪的动物之王"。

异龙是有爱心的父母

　　异龙是非常富有爱心的恐龙，它们会亲自喂养年幼的异龙，这梁龙不一样。成年异龙会让幼年异龙待在受保护的巢穴中，自己食，给幼龙带回肉块，抚养幼年的异龙长大，直到能独立生活。│称赞异龙是富有爱心的父母。

生动形象的文字向人们展示种种已经消失的恐龙。

简练的语言生动地介绍了恐龙的种种特征。

史前世界的种种知识
——进行介绍，拓宽孩
子们的视野。

1

本书内容丰富，
介绍了曾经称霸地球长
达一亿多年的史前巨
兽——恐龙。

史前世界全攻略

牙头虫：其名称含义是"牙的
建造者"，体长有5厘米左右，这
种二叶虫的特点是身体多刺，尤其
是在头上长有一根很长的类似于长
牙的刺。

精美的图片
贴近主题，
帮助孩子们
更形象地理
解内容。

35

物种档案

名称：异龙
身长：大约10米
显著特征：牙齿、爪子和体形都是捕食武器
才能指数：★★★☆

异龙伏击猎物

异龙的牙齿、爪子和体形都是它们捕食猎物的有力武器。它们身体庞
大，能杀死大型恐龙。它们经常躲在角落里，一旦猎物出现，它们就会从隐
蔽处伏击猎物，然后用带锯齿的弯曲牙齿将猎物撕碎，有时候它们还用手上
尖利的弯爪抓伤猎物。当遇到特别大的猎物时，异龙们会一起捕猎，合力捕
杀那些很大的恐龙。

"物种档案"板块详细地
介绍了恐龙的种种特征。

2

本书配有大量精
美的彩色图片和手绘插
图，给小学生们美好的
视觉享受。

3

本书语言生动活泼、
通俗易懂，更易于小学生
接受。

4

本书融科学性、知识
性和趣味性于一体，是小
学生们丰富课外知识的优
秀读物。

名家荐言寄语

"中国小学生爱读本百部经典"活动好在让小学生推荐，让小学生阅读，让小学生成为书的主人。

——著名教育专家、知心姐姐　卢勤

让孩子们从第一本开始，读到一百，那人生就可以读到一千、一万。

——北京大学教授、文学评论家　张颐武

希望"中国小学生爱读本百部经典"可以让父母、老师、同学共享读书的美好时光，分享读书的浓浓乐趣。

——台湾教育学专家、美国UCLA博士　王宝玲

"中国小学生爱读本百部经典"包含了让中国小学生"相伴一生，终身受益"的经典图书。

——香港东方教育研究院院长　陈仲铭

KONG LONG SHI JIE

目录

神秘的
恐龙王国

MANBUKONGLONGSHIJIE

第1章

10

漫长的 **恐龙时代**

中生代是地球历史上最引人注目的时代，地球上出现了脊椎动物，这些脊椎动物在海、陆、空都占据统治地位，特别是当时生活在陆地上的恐龙，更是成为了陆地上的霸主，因此中生代也被称为"爬行动物时代""恐龙时代"。

史前世界大事年表　　小资料

代	纪	时期
新生代	第四纪	从160万年前至今属第四纪
	新近纪	2300万年前至160万年前属新近纪
	古近纪	6500万年前至2300万年前属古近纪
中生代	白垩纪	1.35亿年前至6500万年前属白垩纪
	侏罗纪	2.05亿年至1.35亿年前属侏罗纪
	三叠纪	2.5亿年前至2.05亿万年前属三叠纪
古生代		约从5.7亿年前至2.5亿年前

恐龙时代到底有多长？

恐龙出现于三叠纪中期，从此开启了"恐龙时代"，恐龙王国在侏罗纪达到了繁荣，到白垩纪末期，距今约 6500 万年前，恐龙灭绝。恐龙在地球上共生活了约1.7亿年的时间，是地球上生活过的最为成功的物种之一。

11

中生代的划分

由于中生代的年代实在是太漫长了，我们把这段历史划分为三个部分，每个部分就叫一个"纪"。中生代可划分为三叠纪、侏罗纪和白垩纪三个部分。每一纪长达数千万年。三叠纪的时间约为2.5亿年前至2.05亿年前，侏罗纪的时间约为2.05亿年至1.35亿年前，白垩纪的时间约为1.35亿年前至6500万年前。

恐龙王国的兴起

恐龙出现于三叠纪的中期，在恐龙出现之前，地球上已经出现了多种多样的爬行动物，哺乳动物也开始出现。恐龙出现后，迅速地发展壮大起来，到了三叠纪的晚期就成为了地球上的统治者。

12

恐龙的种类　　小资料

目	亚目
蜥龙类	蜥脚类
	兽脚类
鸟龙类	甲龙类
	角龙类
	剑龙类
	鸟脚类

恐龙的祖先

恐龙出现在三叠纪中期，在恐龙出现之前，地球上生活着一种槽齿类动物，它们靠着强壮的四足行走，后来演化成称霸地球的各种爬行动物，恐龙、翼龙和鳄都是它们的后代。但是有些科学家认为它们只是恐龙的近亲，恐龙的祖先是别的动物。

逐步进化

最早的恐龙和它们的祖先没有太大区别，只是一种行动敏捷的捕猎动物，随着时间的推移，到了三叠纪晚期，恐龙家族迅速繁盛起来，它们不仅数量增多，行动更加敏捷，还出现了许多以前没有的新种类，有的恐龙进化成"植食恐龙"，有的恐龙进化成"肉食恐龙"。植食恐龙身体一般比较庞大，长着长长的脖子。而肉食恐龙则靠着两足行走，长着锐利的爪子和锋利的牙齿。

恐龙王国的**发展**

　　恐龙王国在侏罗纪时达到鼎盛，这个时期全球气候温暖而湿润，陆地上长满了各种植物，植食恐龙更容易找到食物，所以迅速地发展壮大起来，出现了新的恐龙种群，恐龙王国空前地繁盛起来。

巨型肉食恐龙的出现

　　在侏罗纪时，由于地球环境较为湿润，非常适合动、植物的生存，行动迅速的小型肉食恐龙仍到处活动。随着恐龙的进化，出现了巨型的肉食恐龙。这些庞大的杀手以那些同样巨大的植食恐龙为食。为了抵抗肉食恐龙的袭击，很多植食恐龙还长出了背甲将自己武装起来。

恐龙的名字是怎么来的 · 小资料

"恐龙"的名字是英国古生物学家欧文给起的。他对恐龙进行了深入的研究后,想到要给人们新认识的这类古生物起个名字,于是给它们命名为"可怕的蜥蜴",我国科学家把它翻译成"恐龙"。

恐龙不是当时生活在地球上唯一的生物

侏罗纪是爬行动物大繁盛的时期,恐龙并不是当时生活在地球上唯一的生物。当时,海洋中出现了蛇颈龙和鱼龙等几类新的海洋动物,最早飞向天空的翼龙也取得了空中的霸权。

15

什么是侏罗纪? · 小资料

侏罗纪得名于横跨法国和瑞士边界的侏罗山脉,侏罗纪时期的堆积岩及其化石就是在这个地方被发现的,于是人们便把这一地层代表的时间称为侏罗纪。

16

恐龙王国的辉煌和末日

　　白垩纪时期是恐龙发展的顶峰，大大小小的恐龙，种类繁多，遍布全世界，成为世界真正的主宰。恐龙家族达到前所未有的辉煌时期。但是这些庞大的主宰者却在白垩纪末期突然全部消失。

恐龙是被小行星"杀害"的吗？

　　在白垩纪的土层里，人们发现了一种地球上少有的稀有元素铱，而且含量还特别高，于是有科学家认为早在6500万年前，一颗小行星突然从大气层外高速飞来，猛烈地撞在地球上，引起了惊天动地的大爆炸！爆炸破坏了地球的环境，致使大量动物饿死，恐龙也跟着灭亡了。这就是普遍认同的恐龙是被小行星"杀害"的假说。

恐龙灭绝的种种猜想

关于恐龙灭绝的原因，目前有多种假说，这些猜想不下100多种，虽然都有一定的合理性，但仍不能完全解释恐龙为什么会灭绝。

恐龙王国的辉煌

白垩纪时期，地球上温暖湿润，雨量充沛，许多侏罗纪时期的恐龙都灭绝了，新的恐龙种群出现了。一些身披铠甲、更高级的甲龙和角龙相继出现。恐龙家族达到了前所未有的辉煌。

恐龙王国的末日

　　恐龙在白垩纪末期迅速地灭绝了。恐龙为什么会灭绝，这一直是科学家想要解开的谜题。现在大家比较认可的是陨石撞地球说。大约在6500万前，陨石撞击地球，霎时间地球上气温降低、大雨滂沱，大量的植物死亡。在这之后的数年时间里，天空依然弥漫着浓烟，地球上一半以上的植物灭绝了，绝大多数的动物也消失了，恐龙也彻底地灭绝了。

太阳是杀害恐龙的凶手吗？

　　科学家们认为太阳杀死恐龙的可能性非常大。他们推测在6500万年前，太阳可能发生了一次轻微的爆炸，这次爆炸使太阳放射出特别大的热量，地球上的温度突然一下子变得很高，恐龙和许多的动植物受不了这种高温，于是相继灭绝了，只留下了一些适应力强的动植物活了下来。当然了，这也只是一种假设，没有足够的证据证明。

恐龙是被烤死的吗？

有的科学家认为恐龙既不是被小行星杀害的，也不是被超行星杀害的，而是被活活"烤"死的。6500万年前一颗小行星——活彗星剧烈撞击地球，引得埋藏在海底的甲烷大量被释放，甲烷燃烧产生大火，最终将恐龙活活"烤"死。如果这是真的话，那为什么有的哺乳动物却活了下来呢？因为这种说法有太多漏洞，所以得不到人们的认可。

19

地壳运动导致了恐龙的灭绝？

人们关于恐龙灭绝的说法特别多，有的科学家认为恐龙灭绝是地壳运动的结果，人们推测大约在7000万年前，地球发生了一次强烈的地壳运动，地面上森林遭到了毁灭，大量动物来到恐龙生活的地方，食物很快就不够吃了，恐龙们想要找到食物很困难，在饥饿中逐渐死亡。

哪种恐龙最后灭绝的？　　小资料

恐龙并不是从地球上突然消失的，而是渐渐地灭绝。恐龙中灭绝得较早的是剑龙。角龙是最晚灭绝的恐龙。

MANBUKONGLONGSHIJIE

植食恐龙

第2章

三叠纪时最大的恐龙——板龙

在大型的植食恐龙板龙出现之前，最大的植食动物身材只有一头猪那么大，而板龙要大得多，它有一辆公共汽车那么长。板龙可以够到最高树木的树梢，是三叠纪时最大的恐龙。

板龙为什么要吃石头？

板龙的嘴里长着许多树叶状的小牙齿，这些牙齿又扁又平，边上还长着一些小锯齿，可以很好地用来撕咬植物，但是不适合咀嚼咬进口中的食物。像许多素食的鸟类一样，它们也依靠嗉囊来消化食物。板龙的嗉囊比一个篮球还要大。板龙吞下各种石头，把它们储存在嗉囊中，像一台碾磨机那样滚动着磨来磨去，把食物磨碎。

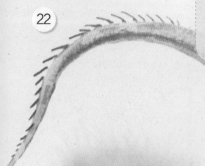

物种档案

名称： 板龙

身长： 一辆公共汽车那么长

显著特征： 吞石头、能用尖尖的爪子抓握高处的树叶

才能指数： ★★★☆

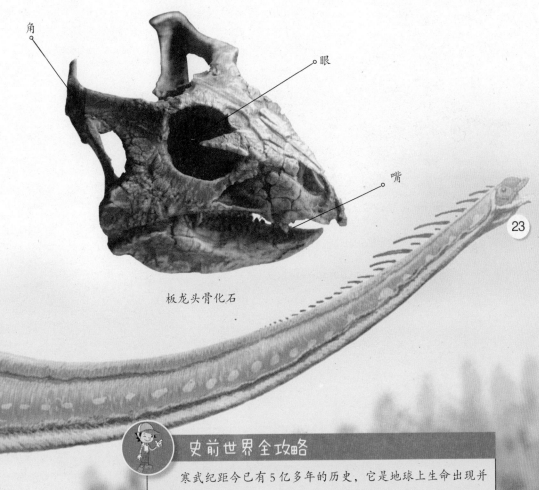

角

眼

嘴

板龙头骨化石

23

史前世界全攻略

　　寒武纪距今已有5亿多年的历史，它是地球上生命出现并取得大发展的时期。在寒武纪开始后的数百万年时间里，包括现生动物几乎所有类群祖先在内的大量多细胞生物突然出现，这一爆发式的生物演化事件被人们称为"寒武纪生命大爆炸"。这一时期的所有生物都生活在海洋里。

大型的植食恐龙——梁龙

　　梁龙是大型的植食恐龙，生活在侏罗纪晚期。它们以树上的枝叶为食，但是奇怪的是这种恐龙的口腔里只长了可以撕咬食物的牙齿，却没有长咀嚼食物的牙齿，所以食物是被整块地吞下去的。为了消化掉这些食物，梁龙吞下了很多的石头，把它们装在胃里将树叶磨成汁，以帮助消化。

梁龙的生长速度特别快

　　一只小梁龙大约要10年时间就可以完全长大，如果与其他动物比较，一只5岁大的大象重1吨，而同年龄的梁龙则重达20吨。这可能是因为小梁龙从小就没有受到梁龙妈妈的保护，快速成长对于它们来说十分必要，因为体形小的梁龙面对掠食者实在没有什么胜算。

24

物种档案
名称：梁龙
身长：不详
显著特征：鞭子一样的尾巴能抽打进犯的敌人
才能指数：★★★☆

梁龙的长尾巴

　　梁龙有一条长长的尾巴，它的尾巴是全部身长的一半。梁龙的尾巴越往末端越细，这条长长的尾巴作用可大了，它不仅能够很好地保持着身体的平衡，而且这根鞭子一样的尾巴还是梁龙的防御武器呢。当受到攻击的时候，梁龙会用很有力的长尾巴使劲地抽打进犯的肉食恐龙，直到把敌人打跑。

史前世界全攻略

　　古杯：意思是"古代的杯子"，这是一种像海绵一样的动物，一般高度在5～50厘米之间，固定在海底。

和人类膝盖一样高的恐龙
——莱索托龙

莱索托龙是生活在侏罗纪时期的一种植食恐龙,它身材小巧,从鼻子至尾尖长仅1米,站起来只有成人膝盖那么高。莱索托龙可能群居,结群啃吃低矮的植物枝叶。

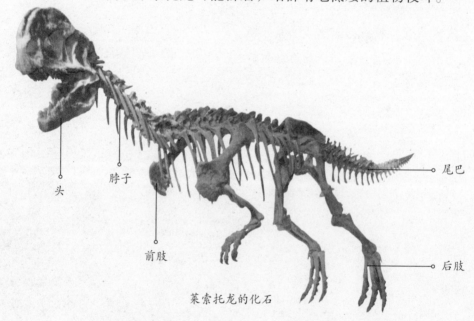

头　　脖子　　前肢　　尾巴　　后肢

莱索托龙的化石

26

莱索托龙是怎样吃东西的?

莱索托龙的身体只有小羊那么大,脑袋很小,脸颊上的肉很多,脖子比较细,从外表看更像是一只蜥蜴。它一般吃低矮灌木植物上的叶子和嫩叶,在进食时往往四肢着地。它的嘴边覆盖着一层角质,其作用是把植物快速剪切下来,然后用嘴里那些形状不一的牙齿进行咀嚼。莱索托龙体形很小,经常有大的动物袭击它们,所以它们在进食时,会不时地抬头张望四周,以便及时发现敌踪,成功逃走。

埃谢栉蚕：一种多足的海洋生物，身上长有许多细小的刺，体长在2厘米左右，通常是以古杯这样的海底植物为食。

莱索托龙是快跑能手

莱索托龙体态轻巧，后肢修长而有力，骨骼坚实，尾巴总是挺得很直，这可以帮助保持身体的平衡。莱索托龙不仅可以两足行走，而且奔跑起来速度很快，当遇到危险时就可以快速逃跑，因此赢得了"快跑能手"的称号。

27

物种档案

名称：莱索托龙

身长：1米

显著特征：快跑

才能指数：★★★☆

住在树上的**树栖龙**

树栖龙生活在侏罗纪晚期，是一种体形很小的恐龙，它只有麻雀大小。

尾巴

生活在树上

树栖龙前肢和后肢的指节都比较大，几根指头几乎处在同一水平面上，第三手指远远长于其他两指，非常类似于现代鸟类，尽管这一特别加长的手指的功能还不十分清楚，但科学家断定它具有树上生活的能力。

后肢

28

物种档案

名称：树栖龙

身长：0.5米

显著特征：生活在树上

才能指数：★★★☆

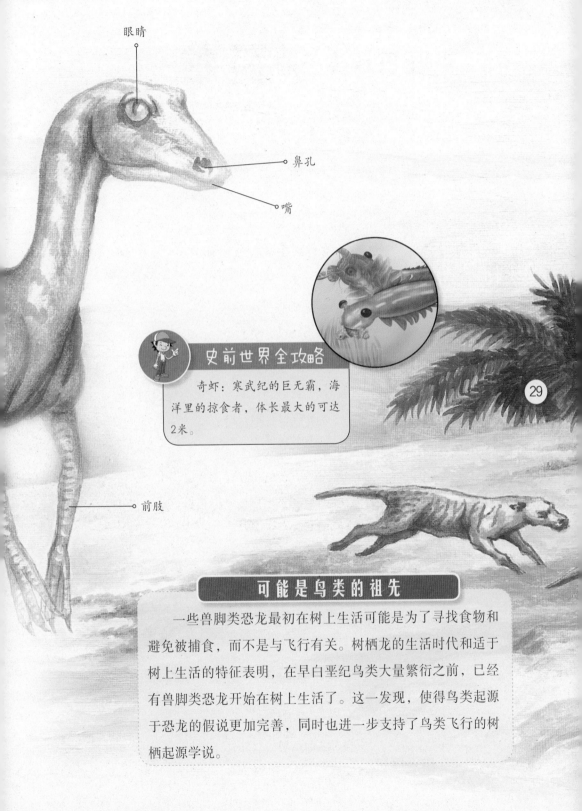

眼睛

鼻孔

嘴

史前世界全攻略

奇虾：寒武纪的巨无霸，海洋里的掠食者，体长最大的可达2米。

前肢

可能是鸟类的祖先

一些兽脚类恐龙最初在树上生活可能是为了寻找食物和避免被捕食，而不是与飞行有关。树栖龙的生活时代和适于树上生活的特征表明，在早白垩纪鸟类大量繁衍之前，已经有兽脚类恐龙开始在树上生活了。这一发现，使得鸟类起源于恐龙的假说更加完善，同时也进一步支持了鸟类飞行的树栖起源学说。

尾巴像棒子的 蜀龙

蜀龙生活在侏罗纪中期的四川盆地，这一点在它的名字中也有所体现。它们主要生活在河畔、湖滨地带，以柔嫩多汁的植物为食，喜欢群居。它是长脖子植食恐龙和短脖子恐龙的过渡类型。

挑食的蜀龙

蜀龙有4颗前颌齿、17～19颗颌齿以及21颗臼齿。它的牙齿呈树叶状，又有些像勺子，边缘没有锯齿。这样的牙齿没法咀嚼较硬的树枝。所以，蜀龙对食物很挑剔，一般只吃那些柔软的植物。

尖牙

像棒子的尾巴

长爪

物种档案

名称：蜀龙

身长：不详

显著特征：椭圆球状的"尾锤"

才能指数：★★★☆

30

独特的防身武器

　　蜀龙身体笨重，行动迟缓，无法逃脱捕食者的追捕。不过，别担心，为了防御肉食恐龙的袭击，蜀龙拥有自己独特的武器——它的尾部最后4节尾骨进化成了椭圆球状的"尾锤"。尾锤和玩具足球差不多大，当肉食恐龙向它发动攻击时，它就挥舞尾锤，把敌人吓跑。

史前世界全攻略

　　三叶虫：寒武纪最常见、最繁盛的动物，不仅数量众多，而且种类也很多，所以寒武纪又被称为"三叶虫时代"。

中国的恐龙明星
——沱江龙

　　沱江龙是早期的剑龙，也是我国最负盛名的恐龙之一，被称为"中国的恐龙明星"。它是一种性情温和的植食恐龙，体形较大，行动缓慢，而又不太聪明。它和同时生活在北美洲的剑龙有着极其密切的亲缘关系。

32

长刺的尾巴

　　沱江龙的尾巴上长有4个长长的、弯曲的针刺，排列成两个"V"字形。沱江龙尾巴上的针刺是它们有力的防御武器，一旦有敌人来袭击自己，它们就向敌人挥舞尾巴，迫使它们保持一定距离。

物种档案

名称：沱江龙
身长：不详
显著特征：骨板和针刺能保护自己
才能指数：★ ★ ★ ☆

尖利的骨板

　　沱江龙是一种穿盔戴甲的、长着小脑袋瓜儿的恐龙。沱江龙以低矮的植物为食，但它的牙齿十分纤弱，只能稍微咀嚼就把食物吞咽下去。不过，沱江龙背上的骨板可是非常尖利的。从脖子、脊背到尾巴，沱江龙有两排背板，这些尖利的背板可以让来犯的敌人无从下口，从而起到保护自己的作用。

史前世界全攻略

　　彗星虫：这种三叶虫名称的含义是"海百合尾巴"，因为它的尾巴很像一种叫做海百合的动物。它生活在5亿多年前的奥陶纪，特点是头部很大，眼睛长在肉茎上，体长有5厘米。

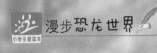

34

侏罗纪的动物之王——异龙

生活在侏罗纪晚期的异龙是一种大型的恐龙，它的牙齿比较小，身体细长，尾巴后半段僵硬。这种恐龙个头很大，最大的大约10米长。异龙还长着一副又高又窄的头骨，强壮的手臂，是那个时期重要的捕食动物，被人们称为"侏罗纪的动物之王"。

异龙是有爱心的父母

异龙是非常富有爱心的恐龙，它们会亲自喂养年幼的异龙，这一点和梁龙不一样。成年异龙会让幼年异龙待在受保护的巢穴中，自己出去觅食，给幼龙带回肉块，抚养幼年的异龙长大，直到能独立生活。所以人们称赞异龙是富有爱心的父母。

 物种档案

名称：异龙

身长：大约10米

显著特征：牙齿、爪子和体形都是捕食武器

才能指数：★★★☆

异龙伏击猎物

异龙的牙齿、爪子和体形都是它们捕食猎物的有力武器。它们身体庞大，能杀死大型恐龙。它们经常躲在角落里，一旦猎物出现，它们就会从隐蔽处伏击猎物，然后用带锯齿的弯曲牙齿将猎物撕碎，有时候它们还用手上尖利的弯爪抓伤猎物。当遇到特别大的猎物时，异龙们会一起捕猎，合力捕杀那些很大的恐龙。

带刺的华阳龙

华阳龙是在中国四川省被发现的，因为四川古称华阳，所以，科学家们便把这种恐龙叫做"华阳龙"。华阳龙是迄今为止发现的最原始的剑龙。

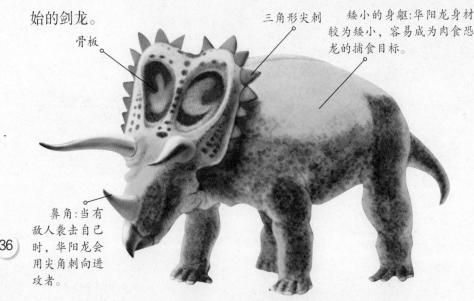

骨板

三角形尖刺

矮小的身躯:华阳龙身材较为矮小，容易成为肉食恐龙的捕食目标。

鼻角:当有敌人袭击自己时，华阳龙会用尖角刺向进攻者。

华阳龙是最原始的剑龙

36

独特的防御武器

较为矮小的华阳龙比较容易成为肉食恐龙的捕食目标，但是华阳龙有一套独特的防御武器。华阳龙肩膀上、腰部以及尾巴尖上长有长刺，当有敌人袭击时，华阳龙会迅速转身，用它身上的长刺刺向进攻者，同时用带有长刺的尾巴猛烈地抽打敌人。这些武器虽然没有强大到可以杀死捕食者，但是可以令那些捕食者为了避免受伤而停止对华阳龙的追捕。

 物种档案

名称：华阳龙

身长：不详

显著特征：身上的长刺能保护自己

才能指数：★★★☆

群居生活

为了不变成别的肉食动物的腹中美味，华阳龙会团结起来，一般3～5只组成一个群体，由一只雄性华阳龙担任首领，雌性华阳龙和小华阳龙是它的"臣民"。这只雄性华阳龙会保护自己的家人。

史前世界全攻略

奇虾的化石：奇虾的化石最初是在加拿大被发现的，但当时只是发现了一只前爪的化石。因为它似虾但又不是真正的虾，所以科学家将之命名为奇虾。直到1994年，中国科学家才在云南境内的帽天山页岩中发现了完整的奇虾化石。

长着两个脑子的**剑龙**

　　剑龙被认为是恐龙家族中最笨的成员。它们体形巨大，身长与非洲大象差不多，但是脑袋却又扁又小，大脑只有一个核桃般大小，比狗的大脑还小。如果想要指挥它那庞大的身躯，剑龙的那个小小的脑子是不够用的，所以剑龙是恐龙家族中最"笨"的恐龙。

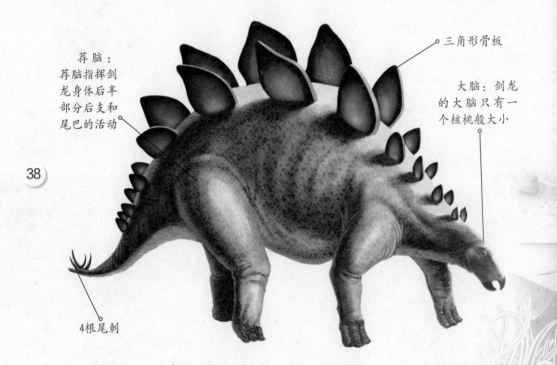

荐脑：
荐脑指挥剑龙身体后半部分后支和尾巴的活动

三角形骨板

大脑：剑龙的大脑只有一个核桃般大小

4根尾刺

38

剑龙长着两个脑子

　　恐龙中只有剑龙有两个脑子。剑龙的盆骨里有个很大的神经结，人们称它为"荐脑"。前部的大脑主要指挥身体的前半部，荐脑指挥身体后半部位的后肢和尾巴的活动。

史前世界全攻略

奥陶纪（5.1亿~4.38亿年前）奥陶纪时期，地球的气候温和，世界上大部分地方都被浅海覆盖。因此，海洋生物得以空前发展，笔石、腕足类、棘皮动物、软体动物、珊瑚等都在此一时期出现。但最具革命意义的还是脊椎动物中的无颌鱼类的出现。

剑龙长着骨板

剑龙的背上长有两排三角形骨板，这些直立着的骨板到底有什么用呢？它们可能用来调节体温，当它侧面对着阳光站立时，骨板可以使体温迅速上升。还有一种说法是这些骨板是剑龙的防卫武器和"警报器"，虽然这些骨板轻薄易损，不能用来自卫，但是可以威胁敌人不靠近自己。

39

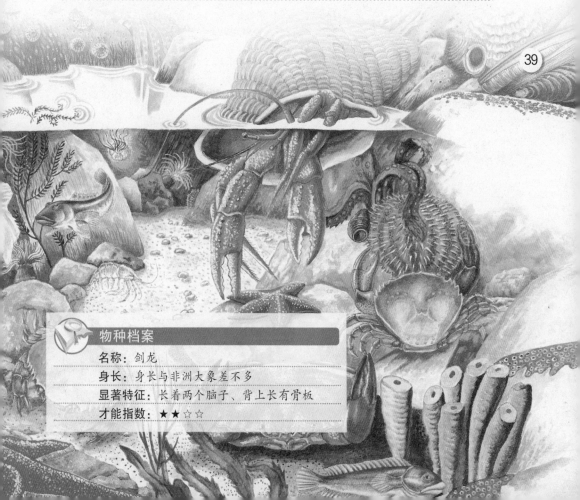

物种档案

名称：剑龙

身长：身长与非洲大象差不多

显著特征：长着两个脑子、背上长有骨板

才能指数：★★☆☆

长寿的**异齿龙**

鸟脚类恐龙是恐龙家族中最长寿的，它们从侏罗纪早期一直存活到白垩纪晚期。其中较为著名的是异齿龙，异齿龙生活在侏罗纪早期，是一种行动敏捷的恐龙。

异齿龙的牙齿很奇怪

异齿龙的牙齿和其他恐龙不一样，它们有类似于哺乳动物的门牙、犬齿和臼齿。因此，科学家认为它们可能是哺乳动物的祖先。

40

嘴里有三种不同的牙齿

史前世界全攻略

直角石：头足类动物的典型代表，最大可以长到1米，是奥陶纪海洋中最大的食肉动物。

三种牙齿不同的作用

异齿龙的三种牙齿有不同的用途：锋利的门牙用来咬断树枝；臼齿则用来磨碎食物；而那些类似犬齿的牙，可能只有雄性才有，大概是用来做武器的。异齿龙吃东西时，用门牙将一片片树叶或茎咬断，并集中在嘴两边的臼齿上咀嚼。咀嚼食物时，它的下颌轻轻向后挫动，很像现代牛羊进食的样子。

41

 物种档案

名称：异齿龙

身长：3米

显著特征：三种不同的牙齿

才能指数：★★☆☆

42

身体巨大的**圆顶龙**

圆顶龙是一种蜥脚类恐龙，生活在侏罗纪时期开阔的北美洲，是北美最著名的恐龙之一。

身体庞大，体重却轻

圆顶龙身躯庞大，全长约18米，体重却不是很重。为什么圆顶龙身体庞大，体重却比较轻呢？这是因为圆顶龙的头骨上开孔大，结构轻巧，尾巴和脖子较短，减轻了体重。在圆顶龙的每一个脊椎骨节里都有一个很大的勺状空腔，有的科学家认为里面充满了空气，脊椎骨显得十分轻便。

史前世界全攻略

舌羊齿

　　舌羊齿生长在2.3亿年前。因为它的叶子呈羊舌状,所以叫"舌羊齿"。我国西藏科学考察队曾在喜马拉雅山一带发现过这种远古植物。

恐龙蛋化石

圆顶龙的生活

　　圆顶龙喜欢群居。它们从不做窝,而是边走路边生蛋,生出的恐龙蛋经常能排成长长的一条线。圆顶龙很爱护自己的孩子。小圆顶龙的头部占身体的比例比它父母的更大些,眼睛也更大,但脖子很短。

43

物种档案

名称:	圆顶龙
身长:	18米
显著特征:	边走路边生蛋
才能指数:	★ ★ ☆ ☆

行动迟缓的 踝龙

踝龙是生活在侏罗纪的植食恐龙，身体只有一头小牛那么大，四肢粗短，躯体滚圆，脑袋很小，行动迟钝笨拙。

44

 物种档案

名称：踝龙
身长：身体只有一头小牛那么大
显著特征：脖子、背部、尾巴等处长着骨板
才能指数：★★☆☆

踝龙怎么保护自己

踝龙的身体矮壮、沉重，不善于奔跑，行动起来显得非常笨拙，当有肉食动物来犯时不能很快逃掉，但是在它脖子、背部、尾巴等处分布着许许多多的骨板，这些骨板十分锋利，像锥子一样，当别的恐龙袭击自己时，它就用这些锥子一样的骨板保护自己。

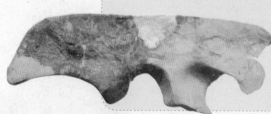

45

史前世界全攻略

神螺：体长7.5厘米左右，形状像现代的蜗牛，只是它是在海底爬行的。

踝龙不是甲龙的祖先

踝龙和后来出现的甲龙一样，身上长着厚厚的铠甲，用来保护自己，人们一直认为踝龙是后来各种甲龙的祖先，但奇怪的是真正的甲龙是在踝龙灭绝很久后才开始出现的。

小脑袋

物种档案

名称：巨椎龙

身长：不详

显著特征：吞石头 前齿大且坚硬

才能指数：★ ★ ☆ ☆

长长的脖子：长脖子有助于巨椎龙吃到大树顶上的树叶。

46

嚼不碎食物的**巨椎龙**

巨椎龙是生活在侏罗纪的恐龙，它的头很小，脖子和尾巴却很长。依靠两条后腿直立起来时，它能够到大树顶上的嫩芽和树叶。

巨椎龙是如何消化食物的？

巨椎龙的咀嚼功能不强。为了帮助消化，它们会吞下一些小卵石，帮助它们在胃中消化食物。卵石可以将树叶磨成浓厚、黏稠的汁液，以便它们吸收。

巨椎龙到底是肉食动物还是植食动物？

巨椎龙的大部分特征证明它是植食动物，它后肢比前肢粗大，可以站立起来摘取高处的树叶，所以人们一直都以为巨椎龙是植食动物。但是它的前齿出奇的大，而且非常坚硬，在两侧还长着齿脊，这更像一个肉食动物的牙齿，所以有一些科学家推测巨椎龙可能是肉食动物。直到现在，科学家也说不清巨椎龙到底是肉食动物还是植食动物。

长尾巴

巨大的后肢：巨椎龙的后肢能直立起来，支撑其庞大的身躯。

史前世界全攻略

僧帽海胆：意思是"带皱纹的头巾"，形状像带刺的皮球，可能是现代海胆的祖先。

能像鹿一样奔跑的 橡树龙

橡树龙是一种生活在侏罗纪时期的植食恐龙。橡树龙很可能是生活在树林中的，所以，人们给它们取了这个名字。

长尾巴，能保持身体平衡

48

快跑能手

橡树龙拥有长而有力的后腿，其前肢较短，有五根长指，角质的嘴巴类似鸟喙，没有牙齿，但是有锋利的颊齿。橡树龙能用后肢迅速地奔跑，并用尾巴保持平衡，它和现在的鹿一样是快跑能手。

物种档案

名称：橡树龙

身长：不详

显著特征：快跑

才能指数：★★☆☆

漂亮的大眼睛

橡树龙的脑袋不大，但却长了一双闪亮的大眼睛。前面有一根特殊的骨头以托起眼球和眼睛周围的皮肤。橡树龙的视力非常好，这有利于它们发现食物和藏在远处的敌人。

闪亮的大眼睛

角质嘴　　颊齿

前肢短

长指

49

后肢长

史前世界全攻略

萨卡班巴鱼：是地球上最早的脊椎动物之一，不过这时候的鱼的嘴巴都是不能上下咬合的，主要靠过滤海中的微生物为食。

浑身长刺的 **钉状龙**

钉状龙和剑龙一样生活在侏罗纪时期，但是它的小大仅仅是剑龙的四分之一，以地面上低矮的灌木植物为食。

钉状龙的背部长着尖刺

头骨

前肢

后肢

钉状龙骨骼化石

50

物种档案

名称：钉状龙

身长：5米

显著特征：快跑

才能指数：★★☆☆

甲刺和利刺

钉状龙从背至尾贯穿着两排甲刺，前部的甲刺较宽，从中间向后，甲刺逐渐变窄、变尖。在肩两侧还另外长出一对向下的利刺，这些甲刺是钉状龙的防身武器。正因为钉状龙浑身长满了刺，所以人们称它为钉状龙。

史前世界全攻略

笔石是生活在古代海洋中的一种微小的蠕虫状生物，就像现在的珊瑚一样。笔石虫体所分泌的骨骼，称为笔石体。笔石体一般长为几厘米或几十厘米。笔石的种类多，分布范围广，生活习性也有差异，比如管笔石类都固着于海底生活，而正笔石类则一般漂浮在海面上。

51

钉状龙的装甲的作用

钉状龙的装甲与剑龙的装甲不同。剑龙的骨板可能起体温调节的作用，而钉状龙用这些甲刺作为自己防身的武器。当钉状龙遇到攻击时，它们就左右挥动有尖刺的尾巴来避免被攻击。而钉状龙臀部两侧的尖刺也可保护它们免受攻击。

长得像鸡的恐龙
——似鸡龙

似鸡龙是一种长得像鸡的恐龙，它生活在侏罗纪和白垩纪时期，是已知的最大型的似鸟龙类恐龙。它的体长是人类的3倍，长着灵活的长脖子和没有牙齿的喙，这些特征与现代的鸡很像，与鸡不同的是，它没有羽毛和翅膀。

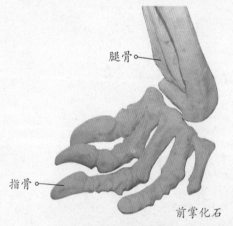

腿骨

指骨

前掌化石

为什么似鸡龙能够迅速奔跑？

似鸡龙有着很轻的骨头和长而俊美像舵一样的尾巴，能够迅速地奔跑，在躲避大型肉食恐龙时，奔跑的速度可达70千米/小时。它的奔跑速度是所有恐龙中最快的，只有恐爪龙能与之相媲美。

似鸡龙的爪子

似鸡龙的前肢很短，足上长着三趾。这些爪子非常锋利，长长的爪子可以帮助似鸡龙拨开泥土，挖出别的恐龙生的蛋并吃掉。但是这些爪子撕不开皮肉，而且抓取东西也不是很方便。在多数情况下，似鸡龙以植物为食，有时也吃小昆虫，甚至还能捕捉蜥蜴，但是是用它的喙来抓，它那长长的爪子帮不上忙。

史前世界全攻略

四笔石名称含义："4个笔石"之意，因为它有4个线状分枝，微小动物就生活在这4个分枝的杯状凹槽里，并用其触手捕食。

物种档案

名称：似鸡龙

身长：4米多

显著特征：迅速地奔跑

才能指数：★★★☆

会游泳的**盘足龙**

盘足龙是一种生活在侏罗纪晚期的植食恐龙。它是有记载以来第一种在中国发现的恐龙，这种恐龙虽然和4头大象一样重，但是它的体形只能算恐龙中的中型。

54

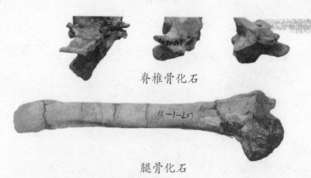

脊椎骨化石

腿骨化石

长长的脖子

盘足龙是大型的草食性恐龙，身长10~15米，重20~24吨，颈部有十几个脊椎骨，因此它的脖子很长，颚部长满牙齿，这让它能十分方便快速地咀嚼食物。

物种档案

名称：盘足龙

身长：约10~15米

显著特征：游泳

才能指数：★★★★

史前世界全攻略

笔石化石通常都呈炭质薄膜保存，非常像用笔在岩石上书写的痕迹，这就是"笔石"一词的由来。

脚像圆盘

　　盘足龙的脚像圆盘一样，能在水里很快地游动。而且这种恐龙主要生活在水里，熟悉水性，会游泳，当遇到有肉食恐龙袭击的时候，它们会马上躲到水里，然后迅速地逃走。

长得像长颈鹿的 **腕龙**

腕龙是一种植食恐龙，生活于侏罗纪晚期，它们有巨大的身躯、长长的脖子、小脑袋和长尾巴。腕龙抬起头的时候有5层楼那么高，能够得着离地面13米高的食物。超凡的身材已经让它们成为大众眼中植食恐龙的象征了。

长得像长颈鹿

腕龙长着巨大的前肢和长长的脖子，很像长颈鹿，但是要比长颈鹿高2倍，重50倍。腕龙的两个鼻孔高高地长在头上，牙齿非常细小，以树叶为食。腕龙每天都在成群结队地旅行，寻找新鲜的树木。依靠自己长长的脖子，它们能够轻而易举地摘取其他草食类动物够不着的嫩叶，就像今天的长颈鹿一样。

56

物种档案

名称：腕龙

身长：约25米

显著特征：用长脖子吃高处的树叶

才能指数：★★☆☆

腕龙有一条长脖子，
使它看上去像长颈鹿

史前世界全攻略

志留纪与泥盆纪（约4.38亿~约
3.55亿年前）志留纪和泥盆纪是在生
物进化史上具有里程碑意义的一段
时期。在这一时期，最早的陆生植
物和动物出现，生命开始从海洋向
陆地进军。

可能有好几个心脏

腕龙是一种巨大的植食恐龙，成年人
类站起来只能到这种庞然大物的膝盖。它
有巨大的身躯、很长的脖子、小脑袋和长
尾巴，因此需要一个巨大、强健的心脏不
断将血液从颈部输入它的小脑。一些科学
家认为它可能有好几个心脏来将血液输遍
它庞大的身体。

骨头弯曲的**弯龙**

弯龙生活在侏罗纪晚期到白垩纪早期，体形有点儿像禽龙。它们过着群居的生活。因为弯龙身体笨重，行动迟缓，它们的前肢上的手指微微有些弯曲，大腿骨也有些弯曲，因此人们称它们为"弯龙"。

强化的脚掌

弯龙的脚掌有5根短趾，前3根上有短爪，就像我们的指甲一样。趾头之间没有肉相连，但是掌部的腕骨合成一体，这样可以强化掌部的构造，从而支撑它们沉重、庞大的身体。

58

尾巴像禽龙的尾巴

突出的眼睑骨

弯龙的头骨小，在弯龙颅骨的眼眶处有一块突出的骨头，科学家们把它称为眼睑骨，这块眼睑骨是做什么用的，到目前还没有一个确定的说法。有的科学家认为当有别的恐龙袭击弯龙的眼睛时，眼睑骨起到保护眼睛的作用。

物种档案

名称：弯龙
身长：不详
显著特征：前爪和大腿骨有些弯曲
才能指数：★★★★

前肢手指：弯龙前肢手指弯曲。

史前世界全攻略

鱼石螈：是目前已知的最早的两栖动物。它的身体呈现出鱼类和两栖类的双重特征。

。大腿骨弯曲：由于它的腿骨和前肢手指弯曲，因此叫弯龙。

树叶一样的牙齿

它的牙齿在嘴里组成树叶一样的形状，以吃植物为生。它主要靠后肢行走，也能用四肢走路，它没有什么武器保护自己，因此遇到敌人时唯一的办法就是溜之大吉。

最早被人类发现的
禽龙

禽龙是白垩纪早期的植食恐龙，是世界上最早被人类发现的恐龙。禽龙十分巨大，最长可达10米。它的尾部又粗又大，非常笨重。别看身体笨重，当被肉食恐龙追赶的时候，它们能跑得非常快，把追捕自己的恐龙甩得远远的。

60

禽龙具有高超的咀嚼能力

分布最广泛

禽龙是白垩纪早期数量最多的恐龙。禽龙如此繁盛归功于它们强大的咀嚼本领。禽龙在把食物吞下去以前能将食物嚼得很烂，从而加快消化坚硬的食物。因此它们能在各个大陆上找到食物，从而成为当时分布最广泛的恐龙。

尾部粗大

粗壮的后肢，能
支撑起它整个身体
的重量

直立行走

禽龙绝大多数时以四条腿缓慢行走，
只有当格斗、奔跑、取食或观察周围动静
时才用双足站立。禽龙的身体上有坚固的
像网一样的东西，既能帮助支持身体的前
部，也能使沉重的尾巴保持在水平位置。
当禽龙依靠强有力的后肢行走时，尾巴能
帮助头和身体保持平衡。

奇怪的咀嚼方式

禽龙喜欢吃马尾草、蕨树等植物，它的大部分时间可能都花在了寻找和咀嚼食物上。食物到口中以后，它会细细咀嚼。禽龙嘴的前部没有牙齿，只有侧面有一些颊齿，牙床上会定期地长出新牙，替换旧牙。禽龙咀嚼的方法很特别，它依靠带角质的嘴咬下树叶，然后其两颊再以不寻常的滑动动作将食物碾碎。

物种档案

名称：禽龙
身长：10米左右
显著特征：强大的咀嚼能力和繁殖能力
才能指数：★★☆☆

62

禽龙复原图

禽龙的灭绝

禽龙是温和的植食恐龙，遇到危险时一般都会选择逃跑，但当它遇到一些强大的肉食恐龙，如霸王龙时，它会用大尖钉一样的拇指刺向敌人来保护自己。它的大拇指就是它的"自卫武器"，但这一招只会在迫不得已、无路可逃的情况下使用。所以禽龙显得比其他恐龙弱得多，因此还没到白垩纪晚期，就被吃光了。

爪子像"大尖钉"

　　禽龙前肢的拇指上各有一个锋利的、像尖钉一样的爪。这个尖爪大约19厘米长，像圆锥一样，与其他四指形成直角。在遇到敌人的时候，"大尖钉"可以迅速地插入敌人体内，圆锥形的形状使它可以很快地拔出，然后在另一个地方狠刺。如果进攻者不想被刺得千疮百孔，就只能放弃猎物逃跑了。

63

史前世界全攻略

　　肉鳍鱼类：这种鱼类的鳍肉厚，呈圆形，身上多鳞片。据推测，它们很可能是鱼石螈的直系祖先。

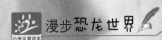

 物种档案

名称：多棘龙

身长：4米

显著特征：身上的盾甲

才能指数：★★☆☆

64

 盾甲堡垒——**多棘龙**

多棘龙，也叫多棘甲龙，它的名字的意思为"有许多刺的恐龙"，是生活在白垩纪早期的恐龙，主要靠吃植物为生。在它的小嘴中，长有树叶形牙齿，用来咀嚼植物的叶子。多棘龙身上醒目的棘刺长在身体和尾巴的两侧，就像衣服的褶边一样。这是它用来保护自己的工具。

盾甲堡垒

多棘龙长着棘状的甲板，尾巴上排列着三角形的甲板，由甲板组成的条带覆盖了背和颈部，臀部上也覆盖着鳞甲，这些甲板构成了坚固的保护屏障，所以人们称多棘龙是攻不破的盾甲堡垒。

史前世界全攻略

鲨鱼：最早的鲨鱼出现在4亿多年前，从此它们就在海洋中占据了统治地位。

保护自己

多棘龙靠粗壮的四肢缓慢地行走，随时注意着肉食恐龙的侵扰。当危险来临的时候，多棘龙匍匐在地上，保护着它的腹部。它身上的骨质棘刺威风凛凛，使挑衅者望而却步。当大型肉食恐龙的上下颌带着重力和惯性猛咬下来的时候，多棘龙可以用这些盾甲保护自己，以免受到伤害。

需要冬眠的**丽阿琳龙**

    大约生活于1.1亿年前的丽阿琳龙是生活在南极的恐龙，它们能够迁徙进出南极圈。这些恐龙都有着结实的肌肉，后腿有力，前肢细小，靠吃大多数植物为生。它们能以自己的方式度过极地漫长寒冷的冬天。

物种档案

名称：	丽阿琳龙
身长：	2米多
显著特征：	冬眠
才能指数：	★★☆☆

丽阿琳龙化石

胫骨化石

头骨化石

66

丽阿琳龙冬眠

生活在南极的丽阿琳龙是怎样度过漫长寒冷的冬天的,这一直是个谜。人们猜测丽阿琳龙在冬天可能会冬眠,因为冬天来临时,南极的植物都停止生长,那里的恐龙没吃没喝,所以不得不冬眠几个月熬过漫长、黑暗的冬天。

史前世界全攻略

普氏海百合:这是一种巨大的,最高可达5.4米的海生植物,一般都生长在珊瑚礁的边缘。

漂亮而优雅

丽阿琳龙是一种小型的恐龙,它们成群生活在极地。这种恐龙长得非常漂亮,有一对大眼睛,视野扩大,可以在黑暗中看东西。它们以吃植物为生,食物包括蕨类、苔藓、石松等,它们擅长吃植物更富营养的部分,例如果实和新芽。

角最多的 **戟龙**

　　戟龙生活在白垩纪晚期，是一种大型角龙。戟龙被公认为是角最多的恐龙。它个子很大，靠吃植物为生。戟龙还有许多别名呢，有人称它为刺盾角龙，也有人称它为棘刺龙。

颈盾和鼻角

　　在戟龙的颈上长着颈盾，盾上还有6根长长的尖角，但是这些尖角只是用来吓唬敌人的，它真正有力的武器是鼻骨上的尖角。

68

物种档案

名称：戟龙

身长：5.5米

显著特征：勇猛的鼻角

才能指数：★★★☆

戟龙怎样保护幼崽的？

戟龙群居生活在一起，每当危险临近而又来不及逃走时，成年的雄性戟龙会围成一个圆圈，将幼龙和身体较弱者护在中间。它们摆开架势，随时准备为集体而战，捍卫它们的家族。现在的一些动物，如非洲大象、麝牛等遭到狼群袭击时，也会用身体围成一个圈，将幼崽围拢在中间。

健壮的身材

戟龙的体长超过一辆小轿车，因为有强健的四肢，而且脚趾向外撇，更容易支撑身体的重量，所以走得更加稳健。由于戟龙的脑袋上长了那么多角和盾，所以，它脖子中的骨头非常坚固，这样才能支撑如此巨大、沉重的脑袋。

69

史前世界全攻略

蜂巢珊瑚：这是一种早期的珊瑚礁，珊瑚虫只有1.5毫米左右大小，可是它们聚在一起组成的群体却可达1.8米长。

长着鹦鹉嘴的鹦鹉嘴龙

鹦鹉嘴龙是最早出现的角龙类，是一种可爱的小型恐龙，由于它长着一张类似鹦鹉一样带钩的嘴，所以人们将这种恐龙称为鹦鹉嘴龙。

嘴巴像鹦鹉

鹦鹉嘴龙用两条后腿行走，头部又短又宽，而且很高。它们的嘴十分有劲，能用力地咬噬食物。它们的前肢较短，掌上长着4只手指，能抓握植物，鹦鹉嘴龙主要靠强壮有力的后肢走路。鹦鹉嘴龙主要生活在低洼的湖泊或河岩地区，据科学家推测，鹦鹉嘴龙可能是比较早的角龙类恐龙。

鹦鹉嘴龙：长着一张类似鹦鹉一样带钩的嘴，因此而得名。

锋利的牙齿

鹦鹉嘴龙头部较短，上、下颌内侧长着很多锋利的牙齿。这些牙齿上还有2～4个小突起，可以轻松地磨碎较硬的植物。嘴的前端有弯曲的角质巨型喙，其形态、功能都和今天鹦鹉的喙极为相似。鹦鹉嘴龙进食时，用坚固的喙切断树枝，再用内侧锋利的牙齿磨碎并吞食。

史前世界全攻略

小窗格苔藓虫：这也是一种早期的珊瑚虫，它们组成的群体能达到60厘米左右。

物种档案

名称： 鹦鹉嘴龙

身长： 2米左右

显著特征： 锋利的牙齿

才能指数： ★★☆☆

长得像犀牛的**尖角龙**

尖角龙生活于白垩纪时期，个头很高大，差不多和一头大象一样长，和一个成年人一样高。

长得像犀牛

尖角龙的鼻骨上方有一个角，加上粗壮的身体，使它看起来很像一头大犀牛，只是它的颈上有一个犀牛没有的颈盾。由于它们长得很像，所以有人说它是犀牛的祖先，也有的人说它们是近亲。

72

物种档案

名称：尖角龙

身长：和一头大象一样长

显著特征：鼻角和颈盾

才能指数：★★☆☆

 史前世界全攻略

钵海百合：这种海洋植物形状像花，生长在海底。

笨重的颈盾

　　在尖角龙的脖子上方有一个骨质颈盾，边缘有一些小的波状隆起。科学家认为，这个颈盾大概是地位的象征。估计有些尖角龙的颈盾色彩亮丽，使它们看起来与众不同，这有助于它们吸引异性。

尖角龙化石

有力的脖子

　　因为尖角龙的头、颈盾同身子比较起来显得十分巨大，它就需要有很强壮的颈部和肩部。即使是晃动一下脑袋，也会使它的骨骼承受不小的压力。因此，尖角龙的颈椎紧锁在一起，非常有力，能承受非常重的压力。

角最大的三角龙

生活在白垩纪的三角龙是有角恐龙中最著名的，它是最巨大的角龙。三角龙是长角恐龙中的巨人，它长9米，高3米，体重有十几吨。三角龙的样子很像现代的犀牛，但它比犀牛大多了，差不多有5头犀牛那么重，是目前发现的最大的有角龙。

寻找食物

在行走时，三角龙的头还没有屁股高，它也没有长脖子，够不着高处的树叶，怎么办呢？它可以让后腿直立起来，用尖尖的嘴把食物扯下来。如果更高的地方有食物，它就用身体把植物撞倒。

锋利的牙齿

三角龙的牙齿非常锋利。它的上下颚各有3至5排，每排有40个左右的牙齿。沿着上下颚分布的牙齿像剪刀一样锋利，当它们上下咬动的时候，会垂直地将植物咬成小段，这和剪刀剪东西差不多。它的这种牙齿是对白垩纪时期繁茂的植物环境的一种适应，有助于它快速地获得食物。当这些牙齿用坏以后，还会再长出新的牙齿。

史前世界全攻略

菊石：一种壳体呈卷曲状的头足类动物。

74

头长三个角

三角龙的头上长着三个角：鼻孔的上面有一个小角，眼睛的上面有一对大约1米长的角。三角龙的头盾也特别大，而且比其他角龙的头盾更坚硬。

物种档案

名称：三角龙

身长：9米

显著特征：角和牙齿

才能指数：★★★☆

大头恐龙——五角龙

五角龙是有名的"大头恐龙"，它的头是陆地动物中最大的。不过，如果你认为它的头上长有五个角，那可就大错特错了。它的头上其实只有三个角，眼睛上面一对角和鼻子上面一个角。叫它五角龙，是因为当初恐龙学者弄错了，他们把五角龙眼睛下面颊骨上的2个小突起也当成角了，所以当时给它命名为五角龙，一直延用至今。

76

物种档案

名称：五角龙

身长：不详

显著特征：头上有三个角

才能指数：★★★☆

史前世界全攻略

泥盆纪也被称为"鱼世纪"，这是因为在当时鱼类开始兴盛。在海洋和河流中都生活着许多种大大小小的鱼类，海洋中的邓氏鱼就是其中最大、最凶猛的一种。

头角：尖利的头角是御敌的有力武器。

鼻角

大大的脑袋

五角龙的眼睛下有突出的两角。

五角龙复原图

恐吓敌人

　　五角龙的头盾比较特别，大大的"盾牌"周围是三角形组成的花边，中间有两个中空的大圆洞，就像两个露天的大鼻孔。如果其他恐龙能用头盾当作战武器的话，五角龙的头盾充其量也只是恐吓工具。

招引配偶

　　五角龙的头角还有一个重要的作用，那就是像孔雀尾巴一样，用来招引配偶。一只雄性的五角龙已经成年了，它喜欢上了一只雌龙。在一次出游吃食时，雄龙鼓起勇气，走近了它的"梦中情人"。看啊，它咬着一截鲜嫩的树枝，摇晃着头上大大的花边，那花边因为主人的兴奋而变得更加鲜红。雌龙接过了树枝，美美地品尝着。看来，雌龙也喜欢这个大红花边的家伙！

第一个长角的恐龙
——原角龙

原角龙生活在白垩纪晚期，外形和三角龙极为相似，但是体形比三角龙小，是恐龙群里的迷你小恐龙，它身长2米左右，高还不到1米，而且头上没有长角，只有鼻尖上有一点小小的突起。只是，它的花边头盾特别大，就像小矮人披着大披风一样。

原角龙的蛋

原角龙是会生蛋的，在1923年夏天，学者们在我国火焰崖附近发现了大量的原角龙化石和恐龙蛋。这可是人类第一次看到恐龙蛋，真是令人兴奋！从此，学者们才理直气壮地宣布恐龙是会生蛋的。原角龙生蛋的窝是公用的，大家轮流产蛋。成年恐龙各有分工：有的照顾小原角龙，有的站岗放哨，有的负责寻找有食物的地方。而即将生产的雌原角龙则先在沙地上挖一个浅浅的坑，将蛋产在坑里，然后再用沙土把蛋覆盖，利用太阳的热量来孵化小宝宝。

邓氏鱼是泥盆纪的海洋霸主，是肉食性鱼类，邓氏鱼生活在较浅的海域，而且它的食欲异常旺盛，可以说它是当时最强的食肉动物。古代鲨鱼、鹦鹉螺、菊石甚至自己的同类，都是它的食物。

物种档案

名称：原角龙

身长：2米左右

显著特征：头上没有长角

才能指数：★★★☆

79

残酷的家园保卫战

在弱肉强食的世界里，为了保卫自己的家园，原角龙有时会付出惨重的代价，甚至自己的生命。科学家们就曾发现一只原角龙和一只肉食恐龙搏斗至死亡的遗骸。肉食恐龙用利爪袭击猎物，原角龙用自己嘴巴前端的大牙反击。这场战争的结果是双方都受到致命的伤害，最终同归于尽。

尖鼻子恐龙
——刺角龙

刺角龙生活在北美洲的西北部，它们的脸上有一根长长的鼻角，四肢像柱子一样粗壮，尾巴小，而且向下垂着，整体看起来，就像一头矮矮的大象，只是脖子上多了一块带花边的大"盾牌"。

80

惊慌的刺角龙

一群刺角龙在河里洗澡，它们互相嬉戏着，打闹着。突然，一股急流从远处直奔而来。当这些毫无准备的刺角龙们发觉时，洪水已经到了身边。有些刺角龙在水里打着转，找不着北了，有些刺角龙则争先恐后地向岸上跑。这时如果大家有秩序地撤离，危险就会降到最低。但刺角龙毕竟不是人，它们都太惊慌了，以至于互相碰撞，有些摔倒了，就被其他同伴踩在脚下，骨头都被踩碎了。

急流过去了，一部分刺角龙逃到了岸上，还有一些可怜的刺角龙，就那样躺在河里，活活被踩死了。

物种档案

名称：刺角龙
身长：不详
显著特征：长长的鼻角
才能指数：★★★☆

史前世界全攻略

　　石炭纪和二叠纪（约3.55亿~约2.5亿年前）这一时期，地球发生了巨大的变化，动物们纷纷在陆地上定居。早先出现的两栖类非常繁荣，最早的爬行动物逐渐出现。

长着骨垫的**厚鼻龙**

厚鼻龙是角龙的一种，全长6米，厚鼻龙的长相和它的其他角龙类亲戚差不多，脖子上有一个大大的颈盾，颈盾的上方还有两只小角。只是它的鼻子上并没有角，在鼻孔和眼睛的上方长有厚厚的骨垫。

82

骨垫的作用

厚鼻龙厚厚的骨垫有着非常重要的作用，当厚鼻龙之间相互争斗时，它们互相用自己厚厚的骨垫去撞对方。在这层厚厚的骨垫的保护下，相互撞击的恐龙的头部不受到震荡。厚鼻龙的鼻子上到底有没有长角，科学家至今也没有弄清楚。

 物种档案

名称：厚鼻龙

身长：6米

显著特征：盾和角

才能指数：★★☆☆

史前世界全攻略

引螈是石炭纪、二叠纪最大的两栖类动物，同时也是当时陆地上最大的动物之一。它食肉，出没于江河、溪流与湖泊之中，捕食鱼类及小型爬行类动物，生活习性很可能和现代的鳄鱼类似。

吃的食物

它们是植食恐龙，以吃低矮的植物为生。它们拥有强壮的颊齿，这些颊齿可以协助门牙咀嚼坚硬、富含纤维的植物。

盾和角的双重作用

角龙类恐龙都有锋利的角和坚固的颈盾，这种结合可以帮助它们抵御敌人和保护自己。厚鼻龙的角和盾除了这个作用以外，还有一个特殊用途，那就是可以帮助它们降低体温。

跑得像马一样快的——开角龙

开角龙也是角龙的一种，它长得和三角龙极为相似，但是体形较小，体重可达2吨，大约4.8米长，仅及三角龙的一半。它与五角龙是亲戚，为另一种具有长形褶叶的角龙类，它具有三个角状突起及两个看似角状的颊部突起。

84

物种档案

名称：开角龙

身长：4.8米

显著特征：盾和角

才能指数：★ ★ ☆ ☆

史前世界全攻略

迷齿亚纲：最古老的两栖动物，生存于泥盆纪到白垩纪的漫长时间里，其中也包括爬行动物的祖先。

跑得像马一样快

　　所有的角龙都有厚厚的颈盾，虽然能很好地保护自己，但也过于沉重，给行动带来不便。

　　开角龙的颈盾可说是别具一格：不是一整块的盾形，而是在靠近边缘的地方开了大大小小的许多孔洞。头部的重量减轻了，活动起来更加轻松快捷。开角龙还有善于奔跑的强壮的四肢，当它奔跑起来时，能跑得跟马一样快。

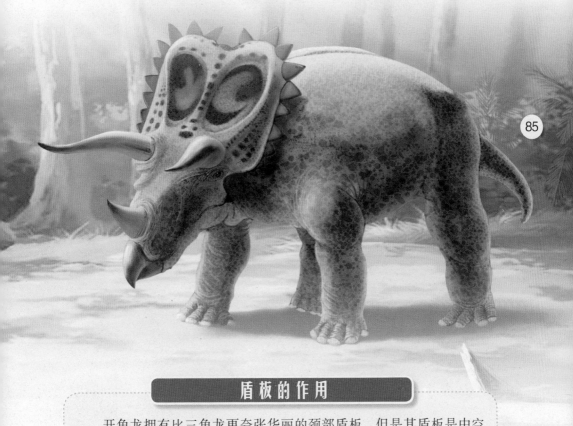

85

盾板的作用

　　开角龙拥有比三角龙更夸张华丽的颈部盾板，但是其盾板是中空的，因此科学家认为其盾板不够坚固，应该是用来威吓敌人或如孔雀尾部用来求偶的。

头骨最长的恐龙——肿角龙

肿角龙生活在白垩纪晚期，是头骨最长的恐龙，也是头骨最长的陆生动物，所以称为"肿角龙"。

长长的头骨：肿角龙是头骨最长的恐龙。

庞大的身躯

鼻角：肿角龙的鼻角长长的，是御敌的有力武器。

肿角龙复原图

史前世界全攻略

最古老的长角恐龙

1996年，古生物学家在祖尼盆地发现了一种恐龙的头骨化石，人们叫它祖尼角龙，它生活在9100万年前的北美洲，是目前发现的最古老的有角恐龙，也是世界上最古老的额上长角的恐龙。

物种档案

名称：肿角龙

身长：7.5米

显著特征：庞大的身体和长角

才能指数：★★☆☆

头骨特别长

肿角龙是人们所知道的陆地动物中头最大的，它的头骨最长的能达到2.8米，比一个成年人的身高还要长！肿角龙的头上也长着3个角，但是鼻子上的角较短，眼睛上的两个角长一些，向前伸出，当受到别的恐龙攻击时，它们会用自己的长角进行反击。

和平的生活

肿角龙的身体又大又重，但腿很有力，能够承受9吨的体重。别看肿角龙样子古怪，可性情温和，喜欢吃长在地上矮树的树叶，它们长得虽然高大，但那只是为了保护自己，几乎没有野兽能够攻击看上去这么强大的动物。它们对别的恐龙也没有什么威胁，因此它们过着和平的生活。

长得最丑的**肿头龙**

生活在白垩纪晚期的肿头龙是公认的最丑的恐龙，这种恐龙身体很长，可以超过4米。最为奇特的是，肿头龙的头骨顶部出奇的厚，好像长着一个巨瘤，更像一个结实的锤子，别看这个肿头难看，它们的这个肿头可是防御敌人的最好武器，面对肉食恐龙的袭击，埋头冲上去，可以把敌人吓走或撞死。肿头龙有敏锐的嗅觉和视觉，当发现敌人时，会快速逃离。

88

物种档案

名称：肿头龙

身长：约4.5米

显著特征：肿头

才能指数：★★☆☆

群体生活

肿头龙可能喜欢过群体生活。成年雄性个体通过撞头确定群体的领袖。在繁殖季节，它们也可能以这种方式决出胜负，胜者与雌性个体交配。

史前世界全攻略

壳椎亚纲：古老而独特的早期两栖动物，仅存在于石炭纪和二叠纪，蚓螈就是最具代表性的壳椎类两栖动物。

肿头龙厚厚的头骨

鼻子，肿头龙的嗅觉灵敏

肿头龙有敏锐的视觉

后肢发达，能快速奔跑

相互撞头

肿头龙的撞头较量经常发生，为了争当首领或争夺异性，肿头龙之间会相互撞头，它们头顶着头，使劲往前顶，直到一方屈服、退出为止。因为肿头龙头顶上有加厚的坚硬头骨，脖子上有特殊的减震功能，所以这种撞击不会伤害到身体。

长得像坦克的**甲龙**

甲龙生活在白垩纪晚期，是在剑龙灭绝后出现的一种全身披着骨板的恐龙。它们体长不过10米，但是其身体宽度却达5米。

长得像"坦克车"

甲龙的身上长有硬甲，这些身披坚硬护甲的甲龙号称恐龙世界中爬行的"坦克车"。甲龙体长7～10米，后肢比前肢长，身体笨重，只能在地上缓慢地爬行。因为行动不够灵活，它们把整个身体都藏在坚硬的骨甲中，贴地而行，看上去很像坦克，所以也有人叫它们"坦克龙"。

90

物种档案

名称：甲龙	
身长：7～10米	
显著特征：全身布满骨甲	
才能指数：★★★☆	

爬 行

甲龙的全身都被保护了起来，别的恐龙想要伤害它们是很难的，但是甲龙也有自己的弱点，那就是它们的肚皮，它们的肚皮上没有盔甲保护，非常容易受到别的恐龙的攻击，为了保护肚皮，甲龙类恐龙几乎都是贴着地面行走。

对付敌人

在甲龙的尾端两侧各隆起一个大大的骨块，它们把这个骨块当做"锤子"或"棍棒"来用，要是有敌人侵犯自己，就用这个"棍棒"袭击敌人。

有力的尾锤

背上长硬骨，因此被称为"甲龙"。

尖角：甲龙的身上布满尖角。

后肢较前肢长

甲龙复原图

史前世界全攻略

滑体亚纲：起源于三叠纪并一直延续到现代，包括现存的所有两栖动物。

眼皮上长盔甲的**包头龙**

包头龙生活在白垩纪晚期，是最著名的甲龙类恐龙之一，这种恐龙有自己的特别之处。

眼皮上长盔甲

它们和所有的甲龙类恐龙一样都披着一身坚硬的铠甲，但它的铠甲又有些特别，它的头盖骨是一个坚硬的骨头盒子，头骨的两旁长着几根骨刺，甚至连眼睛上都长着盔甲，这种骨质眼皮最大的作用就是保护眼睛不受外界的伤害。包头龙的整个脑袋被包裹得严严实实。也正因为如此，它们才有"包头龙"这个形象的名字。

完善的装备和武器

包头龙除了从头到尾都被甲板覆盖之外，连眼睛上也长着骨质眼皮，包头龙的甲板上还长着锋利的骨刺，简直就像身上插着很多匕首。它们的尾巴更像一根结实的棍子，尾端还有沉重的骨锤。面对强大的敌人，包头龙那被甲板包裹得严严实实的身体，会让对手无法下口，而它们尾巴上沉重的骨锤，则是反击敌人的最好武器。

背甲

史前世界全攻略

中龙是目前已知最早的水生爬行动物，主要生活在湖泊和溪流中，喜欢吃水里的鱼，一般不上岸。中龙的身体细长，尤其是肩部和腰部的骨骼更为纤细。

尾锤

骨刺

尖甲

93

骨质眼皮

头甲：头甲将包头龙的脑袋保持了起来。

🦎 物种档案

名称： 包头龙

身长： 不详

显著特征： 全身布满铠甲

才能指数： ★★★★

"防御专家"——背甲龙

生活在白垩纪的背甲龙长可达10米，体宽颈短，四肢粗壮。在它的身体上，覆盖着粗糙的骨板，就像古代武士的防身铠甲一样。人们称背甲龙是恐龙世界中的"防御专家"。

防御专家

背甲龙的铠甲上长着很多骨钉、骨刺，像一排排倒插着的尖刀，锋利无比。背甲龙的这身铠甲，让肉食恐龙不敢轻易靠近，防御作用可不能小看。

94

史前世界全攻略

昆虫是最早登上陆地的动物之一，那时的陆地上有着广袤的森林，而且也没有什么大型的脊椎动物，所以就成了昆虫的天下。那时的昆虫普遍都长得很大，比如有一种千足虫就有30厘米宽。

物种档案

名称： 背甲龙

身长： 达10米

显著特征： 全身布满铠甲和尾锤

才能指数： ★★★★

生活地区

背甲龙主要分布在北美洲、欧洲和亚洲几个大陆上，是当时非常繁盛的家族。它也是在白垩纪晚期的大灭绝事件中灭绝的。

与敌打斗

遇到敌害时，背甲龙的爪子可插进土里，避免身体被掀翻，保护柔软的腹部；发达的尾锤则伺机反击。背甲龙在白垩纪激烈的生存斗争中，它虽然没有演化出主动进攻的武器，但是在防御方面可算是演化到了顶点，称得上完备之至。因此，背甲龙不愧为"防御专家"。

"四不像"——镰刀龙

镰刀龙是种非常大型的镰刀龙类恐龙，重量可达3~6吨。镰刀龙生存于白垩纪晚期，约7000万年前，是镰刀龙类恐龙的代表。

"四不像"

镰刀龙的长相非常奇特，是恐龙世界中有名的"四不像"。镰刀龙头部较小，双颌较为狭长，脖子又长又直，臀部却又很宽厚，同时还有粗壮的后肢，宽大的脚趾上也长着爪子，尾巴较短，在它的身上可能还覆盖着原始的羽毛。因为它长得实在太奇特了，人们开玩笑地说它是"四不像"。

96

巨型蜻蜓，这种蜻蜓生活在遥远的三叠纪，它的宽度超过60厘米，所以被人们称为巨型蜻蜓，这种蜻蜓的翅膀不能像现在的蜻蜓那样折叠。

爪子像镰刀

镰刀龙的前肢上长着3根非常长的巨爪，其中中指最长，能长到十几厘米。这些爪子实在是太长了，所以镰刀龙在四肢着地时，只能用指关节支撑身体，巨爪的形状就像一把把长柄大镰刀。长着巨爪的镰刀龙外表看起来像可怕的死神，但其实它们只是温和的植食恐龙而已。

97

镰刀一样的爪子

镰刀龙复原图

物种档案

名称：镰刀龙

身长：12米

显著特征：看上去很凶狠的巨爪

才能指数：★★★☆

行动迟缓的**慢龙**

慢龙又叫缓龙，是一种非常独特的恐龙，用两条后腿行走，体形庞大，身长有六七米，和现在最大的鳄鱼差不多大，但头很小。

98

史前世界全攻略

在现在阿根廷境内的巨型蜘蛛，如果算上腿的长度，那么它的体宽将达到2.4米。

物种档案

名称：慢龙
身长：六七米
显著特征：行动迟缓
才能指数：★ ★ ★ ☆

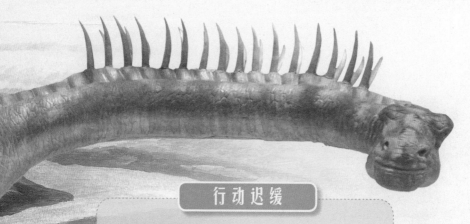

行动迟缓

　　慢龙又叫缓龙，因为它们的股骨比胫骨长，足部短宽，不能像其他兽脚类恐龙那样快速地奔跑和捕食活的动物，只能慢慢地行走，顶多慢跑。科学家推测它们大部分的时间都是在懒洋洋地缓慢踱步，因此给它们起名为"慢龙""缓龙"。

独特的身世

　　慢龙是一种非常独特的恐龙，它同时具有几种类型恐龙的特征，它长着有力的前肢和长长的爪子，但是下颌却无力捕食动物，有的科学家认为它是肉食动物，有的又认为它是植食动物。它的腰带既不同于蜥龙类恐龙，也不同于鸟龙类恐龙，更像是两者的结合。虽然目前被归入蜥龙类，但它却又具有鸟龙类恐龙的特征，科学家们都不知道究竟该把它归入哪一类，所以有人提议将它单独分类。因此"世界上最独特的恐龙"的称号，慢龙是当之无愧的。

长着鸭子嘴的**鸭嘴龙**

鸭嘴龙是生活在白垩纪晚期的一类恐龙。因为这类恐龙的嘴巴宽而扁，很像鸭子的嘴巴，所以人们称它们为鸭嘴龙。

100

牙齿最多

鸭嘴龙类的恐龙是目前发现的恐龙中牙齿最多的，少的有200个，多的可以达到2000多个。这些牙齿一行行排列在牙床里，替换使用，上面一行磨蚀了，下面又顶上一行。鸭嘴龙为什么会有这么多牙齿呢？据说，这与它们吃的食物有密切关系，因为鸭嘴龙吃的大部分植物是石松类的，这种植物含硅质较多，牙齿磨蚀较快，所以只有牙齿多才能弥补这一缺陷。

 物种档案

名称：鸭嘴龙

身长：不详

显著特征：牙齿特别多

才能指数：★★☆☆

史前世界全攻略

世界上最大的鸭嘴龙是在我国山东省发现的巨型山东龙，它的发现引起了全世界的重视。它的身长15米，高达8米，是目前世界上发现的最大的鸭嘴龙。由于它首次在我国山东发现，体形又如此巨大，所以人们把它叫做"巨型山东龙"。

鸭嘴龙身体很重

蹼

像鸭嘴一样的嘴

101

鸭嘴龙会游泳

鸭嘴龙生活在沼泽附近，并把大部分时间消磨在水中，以此来躲避陆地上凶猛的霸王龙的袭击。它们脚上有"蹼"，利于游泳，所以人们都认为它们是能游泳的动物。但是，近年来也有人提出相反的意见，认为鸭嘴龙是完全陆生的动物。理由是这类恐龙的身体都很重，在沼泽中生活会有下陷的危险。不过，这种说法具有一定的片面性，还没有被大众接受。

能发出警笛声的埃德蒙顿龙

　　埃德蒙顿龙是鸭嘴龙类的典型代表，它是一种巨型的草食动物，完全成长的埃德蒙顿龙可达13米长，体重约4吨，是最大的鸭嘴龙科之一。它出现在白垩纪时期的中叶至末叶，它有四只脚，但经常后腿站立以进行觅食。外形及姿势有些像慈母龙，但大小却不同。

长相奇怪

　　埃德蒙顿龙有一个鸭子状的嘴巴，并可用数不清的后齿来咀嚼食物。它们的嘴扁扁宽宽，像鸭子嘴一样，嘴中密密麻麻地长了1000多颗牙齿，埃德蒙顿龙可以用它的颊囊咀嚼最粗糙的食物。为了能容纳这么多的牙齿，牙齿必须排列得很紧密，甚至达到了60列之多。像现在的鲨鱼，新的牙齿会不断地生长来取代脱落的牙齿。当下颚骨向上时，上颚骨可以向外弯曲，颚骨就可以磨碎食物了。

史前世界全攻略

　　千足虫，千足虫和巨型蜻蜓一样，也是最早生活在地球上的生物之一，它体长近2米，宽30厘米，长着很多脚，所以人们称它为"千足虫"。

鼻子上长皮囊

　　埃德蒙顿龙的头骨又短又高，脸部倾斜，鼻子上长有一个宽大的皮囊，当它们像吹气球一样吹这个皮囊时，会发出一种像警笛或小号的声音。人们认为这是它们向异性发出的求爱信号。也有科学家认为它们用这个皮囊来吓走其他的恐龙。

 物种档案

名称：埃德蒙顿龙

身长：13米

显著特征：牙齿特别多、皮囊

才能指数：★★☆☆

最和善的恐龙妈妈——慈母龙

鸭嘴龙类恐龙是爱心很强的父母，它们亲自喂养巢穴中无助的幼崽。它们中的慈母龙被誉为恐龙家族中最受欢迎的、最和善的恐龙妈妈。慈母龙是白垩纪晚期出现的一种鸭嘴龙，这种恐龙体长约9米。

温馨的家庭生活

慈母龙是聪明的恐龙，在生蛋前，慈母龙先在地上挖一个大圆坑，大小刚好够自己蹲在里面，再往坑里铺一些树叶之类的东西。这样，慈母龙就可以在里面产蛋了。慈母龙蛋像柚子一样大呢。

慈母龙妈妈坐在坑里孵蛋，有时，慈母龙爸爸也坐到旁边看护着。随着清脆的"咔嚓"声，小慈母龙出世了。这些小家伙好小啊，它们骨头太软了，只能乖乖地坐着，等爸爸妈妈来喂食。

妈妈在家看着宝宝们，爸爸去寻找一些水果、种子、树叶等食物带回来。爸爸妈妈把有些坚硬的东西嚼碎，再喂进宝宝们的嘴里。幼龙们在温暖的"家"里快速成长，大约两个月后，它们就可以自己寻找食物了。但是，它们还会和爸爸妈妈生活在一起。

104

物种档案

名称：慈母龙

身长：9米

显著特征：慈母

才能指数：★★★★

慈母龙名字的来历

慈母龙会精心照料它们的后代，它们会轮流守护着恐龙蛋，小宝宝孵出来后，它们对自己的宝宝也照顾得非常周到，亲自喂养无助的幼崽。因为慈母龙慈祥、和善，富有母爱，所以人们称它们为"慈母龙"。

史前世界全攻略

引鳄是三叠纪中期最大的陆地爬行动物，全长5米，身材矮小而结实，光是它的大脑袋就有1米长。引鳄是凶猛的肉食动物，主要猎物是一类名为二齿兽的动物。

会游泳的 大鸭龙

大鸭龙生活在白垩纪晚期的北美洲，大约是6800万年前，它的身体有12米长，皮肤是水泡样的凸起，就像癞蛤蟆一样。它的头比其他鸭嘴龙的头都扁，嘴巴也很宽，张开时能和头一样宽。

106

史前世界全攻略

侏罗纪属于中生代中期。这一时期的生物发展史上出现了一些重要事件。比如陆生的裸子植物达到极盛期；双壳类、腹足类、介形类等淡水无脊椎动物和昆虫得到迅速发展；恐龙成为地球的统治者；哺乳动物开始发展等。

保护自己的方法

大鸭龙遇到危险时会躲到水里，从而保住性命。但是它大部分的时光是在陆地上度过的，因此不能总是靠在水中躲避敌人。大鸭龙是十分机敏的动物，依靠其发达的视觉、听觉和嗅觉，能逃过大部分敌人的追捕。

长得像鸭子

有大鸭龙这样的美名，是因为它很像一只巨大的鸭子。大鸭龙比三辆小汽车还要长。口鼻占去了低而扁的头骨的一半，口内也有上千颗牙齿。它有发育很好的视觉与听觉器官，虽然没有顶饰，但在脸部侧面长有颊囊，也能发出声音。

107

 物种档案

名称：大鸭龙

身长：12米

显著特征：长得像鸭子

才能指数：★★★☆

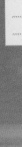

跑得快的**棱齿龙**

到距今1.1亿年前后的白垩纪早期，出现了一些个子不大，但非常善于奔跑的植食恐龙——棱齿龙。

长尾能控制身体的平衡

108

后肢健壮、善于奔跑

善于奔跑

棱齿龙的后肢细长，前肢很短，很健壮，这意味着它的身体重量几乎都集中在肢部和臀部。这样的搭配使它可以很好地控制身体的平衡，同时也能跑得更快，因此人们称棱齿龙为陆地上的奔跑健将。

史前世界全攻略

白垩纪是中生代的最后一个纪，长达7000万年。在这一时期，恐龙依旧统治着地球，并进化出许多新生的品种。在白垩纪末期发生了地质年代中最严重的一次生物灭绝事件，导致了包括恐龙在内的大部分物种灭亡。

物种档案

名称：棱齿龙
身长：约1～4米
显著特征：跑得很快
才能指数：★★★☆

窄喙

前肢粗短

小号的禽龙

棱齿龙的身体结构很像禽龙，只是比禽龙小了一号。棱齿龙有一个锐利的窄喙，能从咬下来的嫩芽和嫩树叶中，挑选出最好吃的部分来吃。它的前肢比后肢短，每个前肢都有5只粗短的指，这样便于抓取食物。

可能会爬树

棱齿龙粗短的前肢上长着尖爪，这些长长的尖爪和脚趾让科学家们认为它是一种会爬树的恐龙。

"戴"头盔的盔龙

盔龙是种大型恐龙，长着像鸭子一样的脸。长约10米，重约3.8吨。性格温和的盔龙没有坚硬、厚重的盔甲和锐利的爪子，但是它有特别漂亮的公鸡冠一样的头饰，这种头饰特别像古代士兵的头盔，所以人们将这种恐龙称为盔龙。

110

年幼的盔龙没有头盔

并不是所有的盔龙都长着漂亮的头盔，科学家们研究发现，年幼的盔龙就没有头盔，它们的眼睛上方只有一个小小的突起的硬块。这个小小的硬块会随着小盔龙的成长而变得越来越大，直到小盔龙成年后，它那漂亮的头盔才彻底长出来。

头盔的作用

头盔中部是空的，当有空气流到头盔里时，头盔能发出低沉的鸣叫声。有时候，为了吸引异性的注意，盔龙还会将头盔改变颜色。

物种档案

名称： 盔龙
身长： 10米
显著特征： 长着漂亮的头盔
才能指数： ★★★☆

短小的前肢

盔龙走路靠后肢，但当它进食时用较短的前肢支撑身体。它的脚趾上没有锐利的爪，所以它无法抵御肉食恐龙的袭击。

史前世界全攻略

白垩纪灭绝事件

恐龙在白垩纪末期突然灭绝，至于原因，现在的人们说法不一。有的人认为是由于气候产生突变导致了恐龙的灭绝；还有的人认为是由于哺乳动物变强才导致了恐龙的衰弱；但现在的主流观点则认为，是由于一颗小行星撞击地球，最终导致了恐龙的彻底灭绝。

身体巨大的**鲸龙**

鲸龙身体非常庞大，重达27吨。要支撑起如此庞大的身躯，必须得有粗壮的四肢才行。鲸龙的腿有两米多长，比一个成年人还要高出许多。由于前肢和后肢差不多长，所以，鲸龙的背部基本是水平的。

被"误会"的鲸龙

"鲸龙"的意思是"鲸鱼蜥蜴"，因为发现它时，人们把它的骨骼和其他动物的骨骼搞混了，以为这是一只巨大的海洋动物，所以给它取了这个名字。但后来，科学家们才发现，鲸龙是在陆地上生活的。所以，叫它"鲸龙"实际上是个小小的误会。不过，它和鲸还是有点相似之处的——它的身体和大型的鲸一样长。

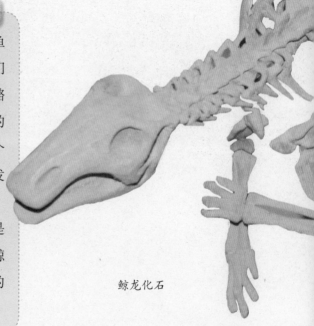

鲸龙化石

史前世界全攻略

约6500万年前~3500万年前，鸟类和哺乳动物构成了陆地上动物的主体，并且这两者之间时常发生冲突。起初是体形巨大的鸟类在竞争中占优势，随后则逐渐被更聪明的哺乳动物所取代。

112

像鲸一样的身体

抬不起头

　　别看鲸龙的身体很长，但它的脖子却不太灵活，只可以在小范围内左右晃动。所以，它只能低头喝水，或者吃那些长得低矮的蕨类叶子和一些小型多叶树木，而对于那些长在高处的美食，鲸龙只有远远望着咽口水的份儿了。

物种档案

名称：鲸龙
身长：不详
显著特征：身体巨大
才能指数：★★★☆

MANBUKONGLONGSHIJIE

肉食恐龙

第 3 章

最古老的恐龙
——始盗龙

在目前已发现的恐龙中，始盗龙是最原始的一种。始盗龙个头很小，后肢很粗壮，前肢比较短小，它们主要靠后肢两足行走，但有时候也很有可能"手脚并用"。

始盗龙复原图

116

始盗龙的牙齿为什么特别奇怪？

始盗龙的牙齿结构非常奇特，前方的牙齿是树叶的形状，这是典型的植食动物的牙齿，后方的牙齿又长成锯齿形，具有肉食动物的牙齿特征。始盗龙的牙齿说明最古老的恐龙可能是一种杂食性动物，既吃植物又吃肉，在以后的进化中，才逐渐分化出植食恐龙和肉食恐龙。

物种档案

名称：始盗龙

身长：1米

显著特征：杂食性动物，既吃植物又吃肉

才能指数：★ ☆ ☆ ☆

始盗龙是恐龙的始祖吗？

虽然始盗龙是目前我们发现的最古老的恐龙，但是它并不是恐龙的始祖。始盗龙的下颚没有灵活的关节，这一点和恐龙的祖先——始祖龙十分相像。人们研究发现，始盗龙在生活习性上也十分接近始祖龙，但这并不意味着始盗龙就是始祖龙，谁是恐龙的始祖仍然是一个谜。

史前世界全攻略

故偶蹄兽：名称含义为"两个尖的咬食动物"，这是指在它的白齿上有两个齿尖。它是现在已知最早的猪的祖先，体长有50厘米，腿长，适于奔跑，甚至有可能是那个时代跑得最快的动物。

跑起来像飞的**腔骨龙**

腔骨龙是一种生活在三叠纪时期的中小型肉食恐龙。它们和现在的野狼很像，常聚集成小群体，过着群居生活，一起捕猎、生活。

物种档案

名称：腔骨龙
身长：3米左右
显著特征：短跑
才能指数：★★★☆

118

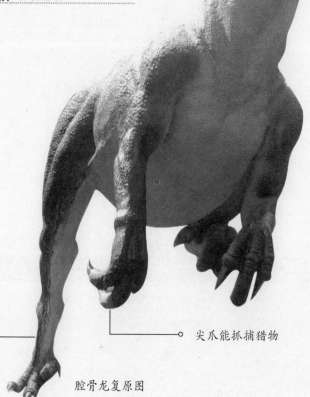

锋利的牙齿

长肢适于奔跑

尖爪能抓捕猎物

腔骨龙复原图

史前世界全攻略

始王兽：名称含义是"最初的王"，因为它是3700万年前最大的动物之一。在它的头上也长有由毛发和骨质瘤构成的角。

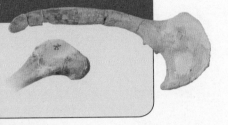

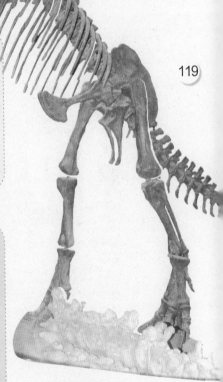

腔骨，骨头是中空的

短跑能手

腔骨龙是一种凶猛的掠食恐龙。这种恐龙的身体构造细长轻巧，个头不大，大约只有3米长，腔骨龙的骨头像鸟类的骨头一样有些是空心的，所以它们的体重很轻，身体轻盈，行动起来十分敏捷，跑起来像飞一样。

腔骨龙吃自己的孩子吗？

腔骨龙是一种体形小、动作灵活的肉食性恐龙，人们在研究腔骨龙化石的时候发现，它的肚子里有幼龙的骨骼，有的科学家认为腔骨龙在饥饿难耐的时候，连自己的孩子也吃。也有的科学家认为腔骨龙肚子里的幼龙并不是它吃下去的，而是它孕育在肚子里的孩子。我们目前不能证明这两种说法到底哪种是正确的。

腔骨龙化石

侏罗纪最凶残的恐龙——跃龙

有的科学家认为跃龙是侏罗纪最凶残的恐龙，虽然它不像最大的肉食龙——霸王龙那么大，却和霸王龙一样凶猛。

120

凶猛的跃龙

跃龙有一张血盆大口，口内长满了尖锐的、带有锯齿的牙齿。它还有弯曲的爪子和有力的尾巴，用以横扫胆敢向它进犯的敌人。跃龙的上下颚不仅能张得很大，而且还能弯曲，以便咬住大块食物。

物种档案

名称：跃龙

身长：18米

显著特征：上下颚不仅能张得很大，而且还能弯曲

才能指数：★★★★

锋利的牙齿能
迅速将猎物撕
成碎片。

史前世界全攻略

三切齿兽：一种像现在的猫一样大小的肉食性
哺乳动物，是不飞鸟主要的猎捕对象。

锐利的爪子能
迅速插入猎物
的身体。

跃龙生活在哪里？

几百万年前，非洲可能有一座通向北美洲的大陆桥，
跃龙就是通过大陆桥在美洲、非洲等地方活动，这些地区
都是它们的活动区域。

跃龙居然吃腐肉

对于跃龙来说，不是什么时候都能捕捉到新鲜猎物的。当它们找不到新
鲜的猎物时，它们不得不吃其他食肉类动物吃剩的动物尸体。跃龙是偶尔吃
腐肉还是经常吃腐肉，科学家们对这个问题不断发生争执，有的说它们是敏
捷、凶狠的掠食者，只是偶尔吃腐肉，有的说它们经常吃腐肉。

像狮子一样凶猛的**优椎龙**

　　优椎龙，也叫扭椎龙，它是生活在侏罗纪时期的大型的肉食恐龙。优椎龙像狮子一样勇猛，人们常常把它形容成狮子。

锋利的牙齿

物种档案

名称：优椎龙

身长：不详

显著特征：嘴里长着许多细小锋利的牙齿，能把比自己大得多的植食恐龙撕碎

才能指数：★★★☆

122

优椎龙像狮子一样凶猛

　　优椎龙像狮子一样，在它巨大的嘴里长着许多细小锋利的牙齿，能把比自己大得多的植食恐龙撕碎。优椎龙的后肢很长，不仅能支撑身体的巨大重量，还能够轻捷地追赶猎物，正因为它勇猛过人，所以被人比喻为"狮子"。

史前世界全攻略

不飞鸟：恐龙灭绝之后，地球被许多不会飞的鸟类所统治，它们体形巨大，善于奔跑，而且也相当聪明。

优椎龙复原图

优椎龙是不是斑龙？

19世纪50年代，在英国发现了一具相当完整的未成年优椎龙骨骼化石标本，但是当时人们误以为它是斑龙，因为斑龙是该地区的人们唯一知道的一种大型肉食恐龙。直到1964年，英国科学家指出这种恐龙不是斑龙，并给它取了一个新名字——优椎龙，意思是说这种恐龙有着完美的脊椎。

吃鸟的**嗜鸟龙**

嗜鸟龙是生活在侏罗纪晚期至白垩纪早期的一种小型肉食性动物。嗜鸟龙身长与人身高相仿，体重与现在的狗差不多，体重十分轻，习惯两足行走，生活于1.5亿年前。它善于奔跑，是非常凶悍的掠食者，人们认为它完全有能力吃掉像始祖鸟这样的鸟类祖先，因此将它命名为嗜鸟龙。

124

 物种档案

名称：嗜鸟龙
身长：与人身高相仿
显著特征：善于奔跑
才能指数：★★★☆

史前世界全攻略

始祖象是现代大象的最
早祖先，它们还没有长长的牙齿
和鼻子，体形也不高大，从外表
看起来，它们长得更像现代的猪。

嗜鸟龙的尾巴是"平衡杆"

嗜鸟龙身体小巧轻盈，长着一条长长的尾巴，
你可别小瞧这条长尾巴，它可以帮助嗜鸟龙保持身
体平衡，当它们飞快地跑起来追赶前面的猎物的时
候，这条长长的尾巴可是最好的"平衡杆"。这条
尾巴能平衡住嗜鸟龙的身体，让它在奔跑时不会倾
斜，还能帮助它们在奔跑时迅速地拐弯或转身，作
用可真不小呢。

嗜鸟龙的故乡在哪里？

人们对嗜鸟龙的了解十分少，只知道现在的北美洲
是嗜鸟龙的故乡，与欧洲早期鸟类的栖息地相隔了一个
大陆。直到现在，人们只发现了一具嗜鸟龙化石，以及
在另一个地点发现的嗜鸟龙的一只前肢化石。

125

126

长头冠的
双脊龙

　　双脊龙生活在侏罗纪早期，是一种动作
比较敏捷的肉食恐龙。它们最显著的特点是
位于额头与口鼻部之间的一对顶饰，中间有
一道沟，就像戴了一左一右的两顶帽子。

史前世界全攻略

　　始祖马，古代的一种哺乳动物，大约生
存于5300万年前至3650万年前，公认为是现代
马的祖先。它体高约30厘米，长60厘米，背部稍向上弓曲，
尾巴较短，四肢细长，主要以森林中的嫩树叶为食。因身体
灵活，所以它可以在草丛和灌木中穿行。

行动特别灵活

　　双脊龙前肢短小，后肢发达，善于奔跑。它的牙齿比较长，而且嘴部的前端特别狭窄，柔软灵活，能够把石缝中那些细小的动物衔出来吃掉。双脊龙的体形和后来许多大型肉食恐龙相比，显得十分苗条，所以它行动起来比很多后期的肉食恐龙要敏捷灵活。

127

物种档案

名称：双脊龙

身长：不详

显著特征：漂亮的顶饰

才能指数：★★★☆

海洋霸主——滑齿龙

滑齿龙生存于侏罗纪中、晚期的海洋中，它是一种肉食性动物，具有很强的攻击性，科学家研究确定最大成年滑齿龙身长18米左右，比当时海里生活的生物都要大上许多，因此它也被人称为当时海洋里的霸主。

尖锐的牙齿

滑齿龙名字本意是"牙齿有一侧平滑"。滑齿龙的长颚里布满尖锐的牙齿，在这样一台吞噬机器前，鳄鱼、利兹鱼、鱼龙甚至其他上龙都要退避三舍，否则必难逃厄运。除了要上浮呼吸外，滑齿龙一生都在水中度过，是有史以来最强大的水生猛兽。

128

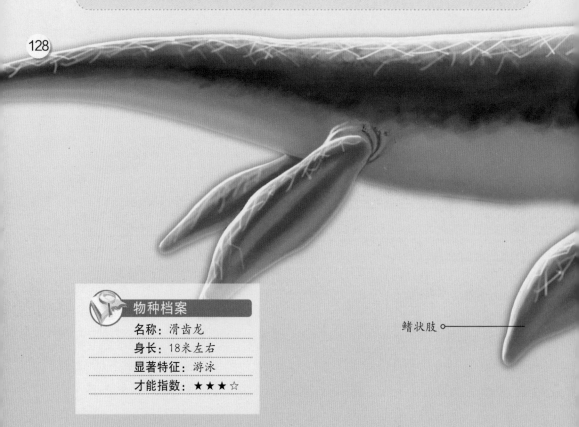

鳍状肢 ○————

物种档案

名称：滑齿龙

身长：18米左右

显著特征：游泳

才能指数：★★★☆

捕捉猎物

滑齿龙的鼻腔结构使得它在水中也能嗅到气味，这样滑齿龙就可以在很远的地方发现猎物行踪。它依靠4只鳍状肢来游泳，速度比猎物缓慢，这样便只能用突袭的方式来捕食。滑齿龙脑袋的颜色较深，底部颜色较浅，而且眼睛长在头顶，当它们躲在猎物下面的时候，很难被发现，可以从下方突袭猎物。

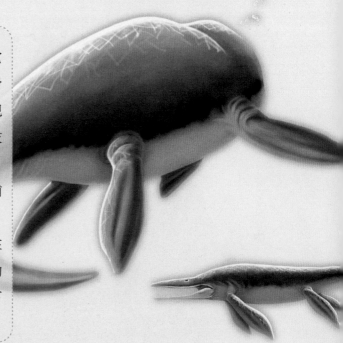

○尖锐的牙

史前世界全攻略

龙王鲸，意为"帝王蜥蜴"，是生存于古近纪时期的一种古代鲸。龙王鲸的化石刚开始时被误认为是巨大的海洋爬虫类，后来才被认定为是哺乳动物。龙王鲸的特征是身体修长，最长可达18米。

生活在南极的**冰脊龙**

物种档案

名称：冰脊龙

身长：不详

显著特征：漂亮的头冠

才能指数：★★★☆

130

冰脊龙的化石，最早是在南极被发现的，科学家断定它是一种生活在南极的肉食恐龙。但是这种恐龙到底是只有夏天才会迁徙到这里来避暑，还是常年居住在这里，科学家至今还没有一个正确的答案。

漂亮的头冠

在冰脊龙的眼睛前方，有一个向上的头冠。这个奇怪的头冠横在头颅上，冠的两侧还各有两个小角椎。由于头冠很薄，所以应该不具有防御功能，而是在交配季节用来吸引异性的。科学家推测，头冠上可能长满了血管和神经，一旦充血，颜色更加鲜艳。

有趣的别名

冰脊龙是一种肉食的恐龙，约6米长。冰脊龙还有一个别名叫做"埃尔维斯龙"，因为它的头冠很像著名球员埃尔维斯·普雷斯利的发型！

史前世界全攻略

步行鲸是现代鲸类的祖先，是一种生活在5000万年以前的半陆生半海生动物，它们的四肢还没有退化，上面长着蹼一样的组织，有利于它们游泳。

长相不明的 **斑龙**

　　最早的斑龙化石是英国科学家在1824年发现的。人们在一个采石场采集到一种化石，它和以前人们见过的任何一种动物化石都不一样，那就是斑龙的下颌骨化石。科学家们认为这是一种新型的爬行动物，于是将其命名为"斑龙"，"斑龙"这个名字的意思是"采石场的大蜥蜴"。

斑龙跑得快

　　别看斑龙走起路来姿态摇摆，但是跑起来却十分迅速。它每小时能跑30千米呢。

132

斑龙到底长啥样？

　　一直到现在，科学家们还没有发现完整的斑龙骨骼，对斑龙的长相，科学家有着种种猜测，他们猜测斑龙可能非常强壮，有厚实的颈部、健壮的前肢以及强而有力的后肢。它的"手指"和"脚趾"上长着尖利的爪，随时能够攻击大型的植食恐龙。

物种档案

　　名称：斑龙
　　身长：不详
　　显著特征：尖利的爪
　　才能指数：★★★☆

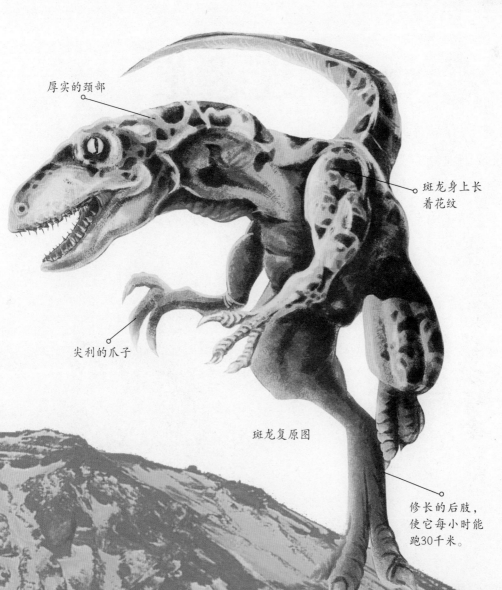

厚实的颈部

斑龙身上长
着花纹

尖利的爪子

斑龙复原图

修长的后肢，
使它每小时能
跑30千米。

史前世界全攻略

洛德鲸

6300万年过去
了，步行鲸进化成了
体长达2.4米的洛德鲸。虽然洛德鲸还是半陆生半海生，但它的
尾巴已经进化为船桨状的鳍，而且身体也具有流线型。

喜欢群居的 **迷惑龙**

迷惑龙是一种群居动物，它们喜欢群体活动，当一大群迷惑龙从远处走来时，一定是尘土蔽日，响声如雷。这些迷惑龙常常聚集在一起，花大量的时间来吃东西。迷惑龙的群居生活是它们保护自己的好方法。如果有肉食恐龙进犯，它们可以集体抵御敌人。

134

迷惑龙又叫雷龙

科学家马什发现了一具不完整的恐龙化石，他给这种恐龙起名为"雷龙"，并将他在两年前发现的恐龙命名为"迷惑龙"，后来他发现这两种恐龙其实是同一种恐龙。按照国际动物命名法，后取的雷龙的名字是无效的，这种恐龙应该叫迷惑龙。

史前世界全攻略

约3650万年前~160万年前，许多大型哺乳动物纷纷产生，至此哺乳动物彻底统治了地球。

迷惑龙不是好妈妈

迷惑龙并不是个好妈妈，它们对自己生的小宝宝一点都不关心。迷惑龙一边走路一边产卵，这些卵在路边被孵化出来，长成小迷惑龙。这些小迷惑龙从小就得不到妈妈的照顾，经常被别的肉食恐龙给吃掉，它们中侥幸活下来的才有机会长大。

135

物种档案

名称：迷惑龙
身长：不详
显著特征：群居
才能指数：★★★☆

迷惑龙复原图

能迅速撕碎猎物的**异特龙**

异特龙是生活在侏罗纪晚期的恐龙，它身材巨大。异特龙的嘴长得有些像蛇，牙齿不但锋利还有倒钩，下颚可以前后移动。

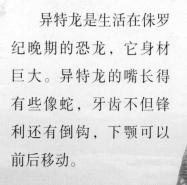

136

细长的前肢 ○

爪子，有的长达15厘米

 物种档案

名称：异特龙

身长：不详

显著特征：利爪和锋利的牙齿

才能指数：★★★☆

异特龙非常凶残

异特龙虽然比霸王龙小，但是它有比霸王龙更加粗壮的前肢和后肢，它的前肢上长着"手指"，每个"手指"上带有锋利的尖爪。异特龙有一个90厘米长的大脑袋，是比较聪明的恐龙。它还有70多颗边缘带有锯齿的牙齿，每颗牙齿都像匕首一样锋利，所以很多科学家认为异特龙才是有史以来最强大的掠食动物。

异特龙骨骼化石

利爪和锋利的牙齿

异特龙前肢细小，后肢高大粗壮，长着带爪的趾，这些爪子有的长达15厘米，是猎捕恐龙的好工具。靠着有力的爪子和锋利的牙齿，异特龙能迅速地撕碎猎物。

137

史前世界全攻略

远角犀：一种古代犀牛，体形笨重，鼻子上长着一个短小的角。据推测，它很有可能是现代印度犀和爪哇犀的祖先。

可怕的猎手——巨齿龙

巨齿龙是生活在侏罗纪晚期的肉食恐龙。巨齿龙比两只犀牛还要长，是一种非常凶狠的恐龙。

大而尖的巨牙

巨齿龙的大嘴里长满大而尖的牙齿，每一个牙齿和当时哺乳动物的整个颌部一样大。这些牙齿是弯曲的，边缘呈锯齿状，齿根长在颌骨的深处，这样，即使是最激烈的撕咬争斗，牙齿也不会松动。

138

巨齿龙化石

物种档案

名称：巨齿龙

身长：比两只犀牛还要长

显著特征：大而尖的巨牙和长长的爪

才能指数：★★☆☆

史前世界全攻略

石爪兽：一种体形与现代马差不多大小的植食动物，脚上有爪，图为它正站起来吃树上的叶子。

长长的爪

巨齿龙长着长长的爪，可以撕开猎物坚韧的皮，然后把皮下的肉撕碎。每当捕捉猎物时，它会先用巨牙紧紧咬住猎物，然后用长爪把猎物撕碎，谁要是遇到了巨齿龙，恐怕都会九死一生了。

139

走路姿势像鸭子

巨齿龙像鸭子那样摇摇摆摆地走路。它的一只脚的足印并不落在另一只脚的前面，在左右足印之间有90多厘米宽的间距。

头上长角的**角鼻龙**

角鼻龙是生活在侏罗纪的一种肉食恐龙。这种恐龙只是中型的肉食动物，但是却很凶残。角鼻龙长着大头、粗腰、长尾、前肢短小，但是后肢修长，它的这种身体特征和现代的短跑冠军——猎豹十分相似。角鼻龙一般集体生活，猎捕那些中小型的植食恐龙。

140

鼻子上方的短角

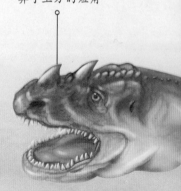

头上长角

角鼻龙脑袋上长了3个角，鼻子上方生有一个短角，两眼前方也有类似短角的突起，这种特殊的结构，不论在现在的肉食哺乳动物身上还是远古的肉食恐龙身上都很少见。

物种档案

名称：角鼻龙

身长：不详

显著特征：头上的角

才能指数：★★☆☆

史前世界全攻略

嗜骨犬和奇角鹿：嗜骨犬主要以腐肉为食，因为它正在啃食一只奇角鹿的尸体。

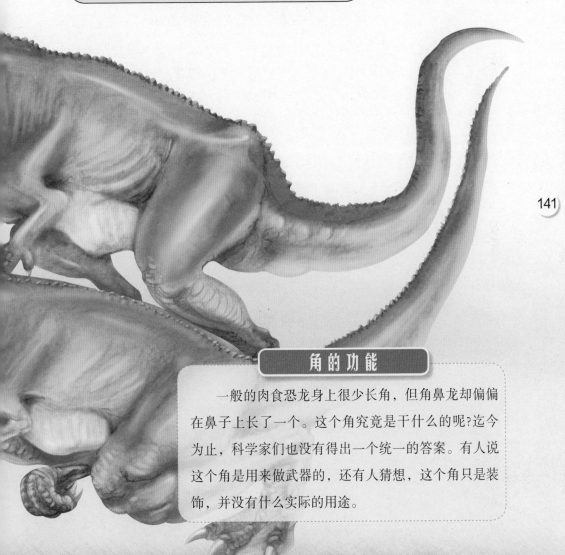

141

角的功能

一般的肉食恐龙身上很少长角，但角鼻龙却偏偏在鼻子上长了一个。这个角究竟是干什么的呢？迄今为止，科学家们也没有得出一个统一的答案。有人说这个角是用来做武器的，还有人猜想，这个角只是装饰，并没有什么实际的用途。

体形最细小的
美颌龙

美颌龙是目前人类所发现的最细小的恐龙，成年的美颌龙站起来也只不过到人的膝盖。令人惊奇的是，细小的美颌龙却是白垩纪最主要的肉食动物之一。

物种档案

名称：美颌龙

身长：站起来到人的膝盖

显著特征：猎捕能力强

才能指数：★★★☆

142

鸟类的祖先是美颌龙吗？

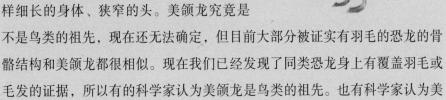

美颌龙外形很像鸟类，具有像鸟类一样细长的身体、狭窄的头。美颌龙究竟是不是鸟类的祖先，现在还无法确定，但目前大部分被证实有羽毛的恐龙的骨骼结构和美颌龙都很相似。现在我们已经发现了同类恐龙身上有覆盖羽毛或毛发的证据，所以有的科学家认为美颌龙是鸟类的祖先。也有科学家认为美颌龙是鸟类的近亲。

史前世界全攻略

巨犀是生活在3000万前的一种巨型哺乳动物，它身长可达8米，高5米，体重达15吨，超过最大的大象，是目前已知世界上最大的陆生哺乳动物。它的头上虽然没有角，但是以它庞大的身躯，估计是没有什么动物可以欺负得了它。

143

捕食能力强

美颌龙具有敏锐的目光，猎捕能力很强。靠着强健"苗条"的后腿，它可以跑得很快，并且能够突然加速去捕捉跑得最快的小动物。它还有一种穷追不舍的精神——当猎物逃往树上避难时，它也会跟踪而至爬上树去。美颌龙的身体是流线型的，很适合在浓密的植物丛林中追捕猎物。

长得像鸵鸟的**似鸵龙**

似鸵龙在恐龙世界中是全速短距离奔跑的能手，似鸵龙的外形十分像现在的鸵鸟，它大小和鸵鸟差不多，也有一对长而苗条的后肢，此外，它的脖子长而弯曲，在弯曲的脖子上有一个小而纤细的头，与现代鸵鸟十分相似，因此，人们称它为"似鸵龙"。

144

物种档案

名称：似鸵龙

身长：和鸵鸟差不多

显著特征：快跑

才能指数：★★★★

快跑能手

似鸵龙在受惊的情况下可以跑得非常快，被称为恐龙王国中的快跑能手，在遇到危险时，它的奔跑速度足以将任何想要袭击它的恐龙远远地抛在身后。但是速度究竟有多快，能不能达到现在鸵鸟的奔跑速度我们还不知道。

长尾巴

　　似鸵龙长着一条长长的尾巴，其长度达到3.5米，占了整个身体的一半还多。这条长尾巴不像它那条可自由弯曲的脖子那样灵活。当似鸵龙飞跑的时候，它就把尾巴僵直地伸在后面。如果它要飞快地越过一段崎岖不平的坡地，那么似鸵龙的尾巴会起到保持平衡的作用。

史前世界全攻略

　　埃及重脚兽，根本不属于犀牛的范畴。这种动物生活在3700万年前的埃及，最大的特点是在鼻子上长了两个中空的大角。

长得像鸟的**拟鸟龙**

拟鸟龙是一种体轻腿长，外形酷似鸟类的兽脚类恐龙。它们主要生活在白垩纪晚期。

物种档案

名称：拟鸟龙

身长：1.5米

显著特征：能短距离飞行

才能指数：★★★☆

拟鸟龙的食物

拟鸟龙到底吃植物还是动物，科学家们众说纷纭。有的认为拟鸟龙是植食恐龙，它只能用喙部去啄食一些植物的果实，也有的认为拟鸟龙是肉食性恐龙，它能够快速追逐小动物，抓到猎物之后，它就会对动物身上的肉进行吞食。还有人认为，拟鸟龙利用羽毛进行短距离的飞行去捕食飞虫。

森林古猿是生活在500多万年前的一种史前动物，据推测，它们很可能是现代人类和大猩猩等灵长类动物的共同祖先。

像鸟一样折叠前肢

拟鸟龙的骨骼十分特别，它与别的恐龙不同，它的骨骼与现代鸟类的骨骼惊人地相似，它前肢的掌骨连在一起，所以它可以把前肢折叠起来，就像鸟类把翅膀收起来一样。

147

拟鸟龙不是鸟

拟鸟龙尽管形态十分像鸟但并不是鸟。它是生活在白垩纪晚期的一类小型的两足行走的兽脚类恐龙。拟鸟龙头骨构造奇特，形状与鸟十分相似，最为有趣的是，它嘴里没有牙齿，和现代的鸟类非常相似。拟鸟龙和鸟类最大的区别在于它有一条长长的尾巴，这条尾巴含有骨质核心，而鸟的尾巴只是羽毛，所以拟鸟龙并不是鸟。

慈祥的妈妈——窃蛋龙

　　窃蛋龙是生活在白垩纪晚期的恐龙。这种恐龙为什么会有这么个名字呢？原来，人们第一次发现窃蛋龙的化石时，它正躺在一窝原角龙蛋的旁边。人们认为它可能是在偷吃那窝蛋时，被沙暴活埋掉的，所以给它起名为窃蛋龙。其实窃蛋龙是为了保护蛋才出现在恐龙蛋的旁边的。

148

窃蛋龙复原图

物种档案

名称：窃蛋龙

身长：不详

显著特征：行动敏捷，跑起来速度很快

才能指数：★★☆☆

慈祥的妈妈

窃蛋龙把卵产在用泥土筑成的巢穴中，它们会亲自孵蛋。孵蛋时，窃蛋龙会蹲在恐龙蛋上，两条后肢紧紧蜷着，前肢向前伸展，呈现出护卫巢穴的姿势，和现代的鸟类孵蛋的姿势完全一样。窃蛋龙的这种亲自孵蛋的行为为它博得了"慈祥妈妈"的称号。

外 表

窃蛋龙的体形较小，后肢很长，尾巴也很长，前肢强壮。科学家推测它们的运动能力很强，行动敏捷，跑起来速度很快，可以像今天的袋鼠一样用坚韧的尾巴保持身体的平衡。

149

史前世界全攻略

在3650万年前～530万年前这3000多万年的时间里，是哺乳动物占统治的时期，在这一时期产生的许多动物都是现代哺乳动物的祖先。

最聪明的恐龙——伤齿龙

世界上最聪明的恐龙是生活于白垩纪晚期的伤齿龙。伤齿龙是一种头部很大的恐龙，它的大脑是恐龙中最大的，而且它的感觉器官非常发达，因而被人们认为是最聪明的恐龙。

物种档案

名称：伤齿龙
身长：不详
显著特征：高智商
才能指数：★★★★

150

智商有多高

伤齿龙是白垩纪晚期最聪明的一种恐龙。有些科学家甚至认为它可能和鸵鸟智商相近，那将比现在的任何爬行动物都要聪明。据推测伤齿龙的智商高达5.3，伤齿龙可能和今天鸟类的智商相似。今天的鸟类极为聪明：最聪明的鸟经训练会开一些玩笑甚至模仿人类的语言。

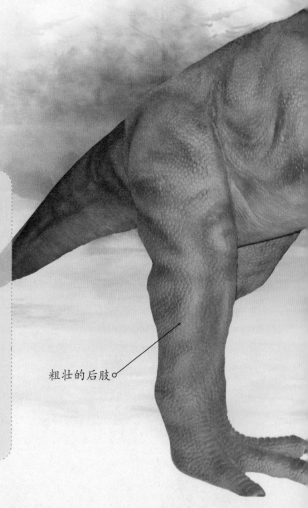

粗壮的后肢

史前世界全攻略

半犬：之所以称它为"半犬"，是因为它的牙齿虽然长得像犬类，可是体形却像熊，身长最大可达2米。这是一种大型肉食哺乳动物，也可能是杂食的，即吃植物也吃肉类。

○尖牙

○短小的前肢

恐人

伤齿龙会进化成人吗？

伤齿龙是已知的最聪明的恐龙，那么如果6500万年前恐龙没有灭绝的话，伤齿龙会进化成人吗?有的科学家认为这是可能的。他们觉得恐龙如果继续生存下来的话，恐龙世界中最聪明的伤齿龙就有可能进化成聪明的、外形像人的动物——恐人，成为地球上的主宰。

最厉害的爪子杀手——恐爪龙

　　恐爪龙是一种生活于白垩纪时期的、极具杀伤力的中小型恐龙，它被认为是最不寻常的掠食者。它头部较大，上下颌很有力，嘴里那带锯齿的牙齿就像一把把利刃，能迅速地将猎物置于死地。

恐怖之爪

　　在恐爪龙前肢掌上的第二趾上，分别长有一根号称"恐怖之爪"的利爪，这两根利爪长约12厘米，就像两把镰刀，恐爪龙以锋利的"恐怖之爪"而闻名于世，这两根利爪是恐爪龙捕杀猎物的重要武器。

 物种档案

　　名称：恐爪龙
　　身长：不详
　　显著特征：恐怖之爪
　　才能指数：★★★☆

恐怖之爪

史前世界全攻略

曲带鸟：是一种身高达1.5米的不会飞的大型食肉鸟类，它拥有强健的腿和巨大的喙。是恐龙灭绝后南美大陆上最主要的捕猎动物。

153

爪子会变钝吗？

恐爪龙的两根利爪连接韧带，可以调整角度，它在进攻时，能将利爪以最大的弧度向下或向前刺向猎物。这么锋利的利爪会变钝吗？当然不会了，恐爪龙在不攻击猎物时，会把利爪缩起来，避免爪子因不断摩擦地面而变钝，对利爪起到了保护作用。

"切片机"——盗龙

白垩纪时，出现了一类新的致命的捕猎动物——盗龙。这类恐龙种类繁多，大小不一，主要代表有伶盗龙、恐爪龙和犹他盗龙。

154

物种档案

名称：盗龙

身长：大小不一

显著特征：镰刀形的爪子

才能指数：★★★★

厉害的"切片机"

　　盗龙类恐龙大小不一，都长着长长的腿和轻盈的骨头，它们跑起来非常快，可以捕捉正在逃命的猎物。它们长着尖利的牙齿，每只手脚上还有致猎物于死地的弯爪。这些弯爪像镰刀一样，它们能迅速地插入猎物身体，将猎物撕成碎片，就像"切片机"一样具有致命的杀伤力，所以人们称这种恐龙为"切片机"。

史前世界全攻略

　　并角鹿：是一种生活在北美大陆上的原始鹿类动物。它的特点是头上长着一对形状奇怪的角。

155

爪子有30厘米长

　　犹他盗龙是白垩纪时期最著名、最凶残的捕食者之一，它的镰刀形的爪子，足足有30厘米长。这种恐龙长达5米，体重约半吨，攻击性极强，而且跑得很快，它有一条僵硬的尾巴，主要用来在奔跑中平衡身体。它能追赶比自己大得多的大型猎物。捕猎时，它将自己长达30厘米的尖爪刺入猎物体内，能迅速地杀死猎物。

最小的盗龙——伶盗龙

在我国发现了大量的盗龙类恐龙化石，伶盗龙就是其中一种。伶盗龙和恐爪龙很像，是目前发现的最小的盗龙类恐龙。伶盗龙和别的肉食恐龙相比，只能是小型的肉食恐龙，但是，伶盗龙行动非常敏捷，脑容量又大，再加上前后肢均长有非常尖锐的爪子，因此是一种极具危险性和极具杀伤力的中小型肉食恐龙。

156

物种档案

名称：伶盗龙

身长：和一只狗差不多

显著特征：快跑和镰刀形的爪子

才能指数：★★★★

大小和狗差不多

伶盗龙和一只狗的大小差不多，善于奔跑，并能在快速的奔跑中猎取猎物。伶盗龙的肢上也长着镰刀形的爪子，能迅速地捕杀猎物，因此被人们称为"迅速的掠食者"。

南美硕鼠：名称含义是"最大的老鼠"，因为这种鼠类的体形巨大，身长可达2.1米，有现代的一头牛大小，而且它的身后还拖着一条肥大的尾巴。

伶盗龙不会飞

伶盗龙、恐爪龙和犹他盗龙因为具有很长的腿和轻盈的骨头，跑得很快，也被人们称为驰龙类恐龙。这种恐龙有像鸟类一样完全后转的趾骨和中空的骨头，但是它们并不会飞，所以有的科学家认为盗龙类是不会飞的鸟类，是从与始祖鸟相似的祖先演变而来的。对于这个问题，科学家们还存在争议，盗龙到底是不是不会飞的鸟类，仍然是个谜。

157

厉害的**重爪龙**

重爪龙是生活在白垩纪早期的恐龙。它头部扁长，窄长的嘴里有128颗锯齿状的牙齿，头形与现代的鳄鱼十分相像，重爪龙的前肢肌肉发达，掌上长有3只强有力的"手指"，在拇指上长着大得足以令其他生物遭受致命一击的镰刀形的爪子，所以人们将这种恐龙称为重爪龙。

能捕鱼

重爪龙的食物也与其他肉食恐龙不同。它喜欢吃鱼，而且还很会抓鱼，就像今天的灰熊一样。抓到鱼后，它就用嘴叼住，然后带到蕨树丛中去慢慢享用。

158

长着最大的恐龙爪

重爪龙的爪是目前发现的最大的恐龙爪，在1983年，英国一个业余收藏家在英国发现的。当他发现这个化石时，被这个巨大的爪子吓了一跳，整个爪子就像一把镰刀，顶部尖如短剑。这个巨大的恐龙爪化石的发现为科学家了解重爪龙提供了重要的资料。为了纪念他，人们便把重爪龙又称为"沃克氏重爪龙"。根据1983年发现的恐龙爪化石，估计重爪龙的爪子应该有35厘米长。这种爪子不仅巨大，而且还十分灵活。它那尖锐并且弯曲的大爪有点类似现在捕鱼用的大鱼叉，这种巨爪还可以捕食两栖动物。

史前世界全攻略

更新世

　　更新世（160万年前~1万年前）又被称为洪积世或冰川世。在这一时期，全球冰量增加，海平面下降，大部分哺乳动物进行大规模迁徙或被灭绝。

物种档案

名称：重爪龙

身长：不详

显著特征：巨大的镰刀形的爪子

才能指数：★★★★

长着羽毛的**尾羽龙**

尾羽龙生活在白垩纪时期，是杂食性恐龙，长得像一只火鸡，和现代鸟类一样，长着羽毛。它的头部和喙部都很短，前肢的长度比一般的兽脚类恐龙短。

尾羽龙不是鸟

尾羽龙虽然长有羽毛，但是它不是鸟。它的前肢掌上长有三指，每个指端都有短爪，这与鸟类不同。尾羽鸟的骨骼和牙齿也都具有恐龙的典型特征，这也说明它不属于鸟类，而是一种似鸟类的恐龙。它的羽毛与鸟类的羽毛起源没有直接的联系，尽管如此，它与鸟类的关系应当还是十分密切的。

160

物种档案

名称：尾羽龙

身长：不详

显著特征：长着羽毛

才能指数：★★★☆

羽毛的作用

尾羽龙的尾巴不长，它的尾椎骨是所有我们现在知道的恐龙中最短的。虽然它的尾巴短，但它的尾巴十分漂亮，尾巴上长着密密的长羽毛，这些羽毛的颜色十分鲜艳，和它身上其他部分的羽毛不一样，尾巴上的羽毛主要是用来吸引异性的注意的。它和现在的鸟类一样全身覆盖着羽毛，而且羽毛颜色可能非常鲜艳，但这些羽毛不能帮助它们飞行，只是用来保暖或吸引配偶。

史前世界全攻略

猛犸一般身高5米，体重10吨左右，以草和树叶为食。由于身披长毛，可抵御严寒，所以一直生活在更新世的高寒地带。当人类进化到新人阶段时，他们学会了使用火和集体协同作战，因此人类开始捕杀许多大型的动物，猛犸就是他们猎取的主要对象。

长了"牛脸"的食肉牛龙

食肉牛龙身躯庞大，头部较短且长角，前肢短粗，后肢强壮有力，长着锋利的牙齿和强壮有力的后肢，以捕食其他恐龙为生。它的脑袋就像一个硕大的牛头，不仅如此，它还长了一张公牛般的脸，因为它是肉食恐龙的一员，所以人们称它为"食肉牛龙"。

物种档案

名称： 食肉牛龙
身长： 不详
显著特征： 强壮的身躯
才能指数： ★★★☆

162

长得和牛很像

食肉牛龙不仅长着一张"牛"脸，而且在眼睛的上方，眉骨的位置还长着一对奇怪的"角"。这对角虽然长得不大，也不是很硬，但是它的位置十分特殊，恰好长在现代公牛长角的位置。所以有的科学家认为食肉牛龙就是牛的祖先，即使不是，两者也一定有很近的血缘关系。

史前世界全攻略

后弓兽与大角鹿是更新世时期最常见的两种大型植食哺乳动物。大角鹿头上长着一对异常漂亮的大角，而后弓兽则长着一个大鼻子，有点儿像大象，但又没有大象的鼻子长。

奇怪的"牛角"。
食肉牛龙长着一对奇怪的"牛角"。

食肉牛龙复原图

奇怪的"牛角"的作用

食肉牛龙在眉骨上方长着的奇怪的"牛角"，它们既不够大，也不够硬，不可能作为武器来攻击敌人，而且食肉牛龙已经够强大了，根本就不需要这对角来帮忙，所以科学家认为这对角是食肉牛龙长大成年后长出来的，它表明食肉牛龙已经成年，具有了生育能力。

能长时间潜水的**副栉龙**

副栉龙是鸭嘴恐龙里的游泳将军，它能长时间地潜水，是恐龙界中的"潜水能手"。副栉龙长着头冠，这顶头冠长在鼻骨上，充满了通道。空气从鼻孔吸入，经过这些通道才能到达肺部。这些通道是这类恐龙的发声器，就像圆号中弯曲的管子。

164

厉害的大尾巴

副栉龙有一条大尾巴。在水里，它的长尾巴可以左右摇摆，起到桨的作用，还可以帮助它游到深水区里。副栉龙既跑不快，也没有尖牙利角，别的恐龙向它发起进攻时，全凭这条尾巴保护自己。它用粗大的尾巴甩打敌人，从而成功地保护自己。

史前世界全攻略

大角鹿：名称含义为"巨大的角"，生活于50万年前~1.1万年前。

大角鹿最大的特征就是头上长有巨大的角，这也是它名字的来源，最大的鹿角展开能达到3米。

物种档案

名称：副栉龙

身长：不详

显著特征：粗大的尾巴、潜水

才能指数：★★★☆

165

潜水能手

副栉龙能在水底停留比较长的时间，是恐龙世界里有名的潜水能手。为什么它能长时间潜水呢？这是因为副栉龙的头部后方长着一个长长的中空头冠，这个头冠是一个通气管道，这个管道通到水面上，副栉龙在水中也能呼吸到水面上的新鲜空气，所以它们能长时间地待在水里。

最厉害的恐龙——霸王龙

白垩纪时，出现了新的巨型肉食性恐龙——霸王龙。它们残暴、恐怖，所以又叫暴龙。霸王龙体长15米，仅头部就有1.5米长，身高达6米。头骨笨重，高而侧扁，具有两个很大的眼前孔，眼眶呈椭圆形。

白垩纪的巨型杀手

霸王龙行动迅速，而且牙齿像刀片一样，向内倾斜，被它咬上的动物，越挣扎只会被咬得越紧，别想逃脱，其硕大的颚骨和锋利的牙齿能够将猎物撕裂成牙签大小。霸王龙可能是当时最恐怖的肉食恐龙，被称为白垩纪的巨型杀手。

166

物种档案
名称：霸王龙
身长：15米
显著特征：锋利的牙齿
才能指数：★★★★

史前世界全攻略

原袋鼠是当时澳大利亚大草原上最常见的植食性动物之一，比现代的袋鼠要大，最大的体长能达到3米。它们也是袋狮最喜欢的食物之一。

可能是食腐动物

霸王龙是两足行走，站起时身高超过两层楼，一口可以吞下一头牛，奇怪的是霸王龙前肢非常矮小，和人手臂差不了多少，因此有些科学家认为暴龙无法捕食，只能吃死尸。目前，科学家们仍质疑霸王龙是动作迟缓的食腐动物还是动作敏捷的掠食性动物，但无论它的食物是活着的还是死的，它的猎物一定很大，这种肉食性恐龙进食时一定非常血腥。

167

凶猛的霸王龙

最大的肉食动物——巨霸龙

很多人都认为最大的肉食动物是暴龙，但是事实上并不是暴龙，所有肉食性动物中最大的是巨霸龙。这种产于阿根廷的恐龙体长超过12米，体重相当于好几辆小型客车的重量，它们能吃比自己大许多倍的植食性恐龙。

锋利的牙齿

巨霸龙的牙齿又薄又尖利，边上还有锋利的锯齿，就像带锯齿的刀一样，能迅速地将猎物撕成小块。

168

物种档案

名称：巨霸龙

身长：12米

显著特征：锋利的牙齿

才能指数：★★★★

史前世界全攻略

袋狮：名称含义为"身上有袋的狮子"。生活于更新世，长约1.8米，长有尖牙利爪，身上有用于哺育幼儿的袋。头颅上长有巨大的成对的门齿，这种门齿起着与其他肉食动物犬牙一样的作用。此外，它还长有厚实的、像刀一样的裂齿，袋狮就是用它来撕咬猎物的身体组织的。

过着独来独往的生活

巨霸龙可能过着独来独往的生活，因为科学家一直到现在都没有发现它们过群居生活的科学根据。

巨霸龙的牙齿化石

求偶手段

巨霸龙的求偶手段比较特别，科学家推测，它们会拿着大块的肉向喜欢的异性示爱。据说，霸王龙也是这么向喜欢的异性求爱的。

相互取暖的**北票龙**

北票龙1.25亿年前生活在现在的中国辽宁，比中华龙鸟晚100多万年。它全身都披着软软的毛，只有像翅膀一样的前肢上长着一排硬毛。

样子最奇怪

在长羽毛的恐龙里，北票龙的样子最奇怪了，小小的头，长长的脖子，圆鼓鼓的大肚子，走路时，摇摇晃晃的，好像一不小心就会摔倒。对了，它就像长劲鹿和鸭子的结合体。

170

物种档案

名称：北票龙
身长：不详
显著特征：长得像长颈鹿和鸭子的结合体
才能指数：★★★☆

羽毛的作用

　　北票龙也是一种长羽毛的恐龙，你知道这些羽毛有什么作用吗？看了下面的小故事你就知道了。

　　太阳落山了，天气越来越冷，四处寻食和玩耍的北票龙们都回来了。它们在一片隐蔽的树丛中有一个家，三面都有茂密的树木围绕。但是天太冷了，寒风吹来，同伴们都缩着脖子，抱在一起，相互取暖。远远看去，就像一个毛茸茸的大球，好温暖哟。

史前世界全攻略

　　巨鳞木：生长在大约3亿年前，足有40米高。树干顶部长满球果，球果外有鳞片。干茎直立，根状茎部分长出许多枝。

恐龙时代的
海洋怪兽

第4章

似鱼非鱼的大怪兽——鱼龙

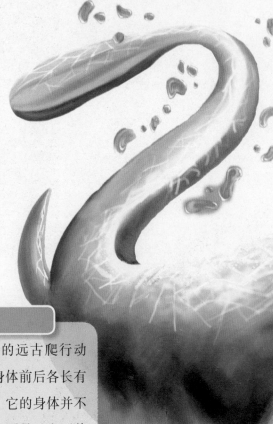

鱼龙长得像鱼又像海豚，它长着三角形的头，嘴巴尖尖的，有着锋利的牙齿，非常凶狠。它的头两侧长着大大的眼睛，眼睛比篮球还大呢。科学家们认为，这样的眼睛是为了适应它们在晚间和深海里捕食。

174

长相像鱼

鱼龙的长相是最接近鱼的远古爬行动物，但鱼龙并非鱼。鱼龙的身体前后各长有两个鳍，其实这是它的四肢。它的身体并不长，一般都在2米至4米之间。可是，它还曾经是海洋里的老大呢。

 物种档案

名称：鱼龙

身长：2~4米

显著特征：长得像鱼

才能指数：★★★☆

史前世界全攻略

封印木生长在2.3亿年前的古代乔木，高可达30多米，树干仅在顶部分枝，叶子呈针状或披针状，长可达1米。

挑食的鱼龙

作为海洋中的老大，想吃其他海洋动物肯定是易如反掌，但鱼龙很挑食。科学家们通过研究古化石发现，鱼龙最爱吃乌贼，或许它们的一顿乌贼大餐，就相当于我们的满汉全席吧。

第一具"鱼龙"骨骼化石

1811年的某一天，一个12岁的英国小女孩玛丽在海边玩耍，突然在海边的峭壁岩石中发现了一堆动物的骨骼，但这些骨骼又很像石头。后来经过科学家证实，这是化石，而且是一种2亿年前远古海洋爬行动物——鱼龙的化石。

长脖子大怪兽——蛇颈龙

现在我们见过的长脖子动物肯定要属长颈鹿了，而在恐龙时代，有一种怪兽的脖子比长颈鹿的脖子要长得多，那就是蛇颈龙。它们生活在海洋里，有时候会浮在海面上游弋，长长的脖子就是它们的标志。

176

长得像乌龟

蛇颈龙的头很小，脖子很长，躯干像乌龟，还有一个小尾巴，看起来就像一条长蛇穿过乌龟壳。它的嘴和蛇嘴一样，虽然头小，但嘴张开却很大，而且嘴里长着很多尖尖的小牙齿。

物种档案

名称：蛇颈龙

身长：15米

显著特征：长脖子

才能指数：★ ★ ★ ☆

史前世界全攻略

普通鳞木：生长在2.8亿年前，是古代乔木状植物。茎直立，高可达30多米，树干顶部形成宽广的伞状树冠。

177

最长的蛇颈龙——薄板龙

最长的蛇颈龙是薄板龙，这种怪兽的身长达到15米，脖子竖起来有三层楼那么高，小朋友对这种怪兽可能不陌生。没错，在电影里经常有类似这样的怪兽出现。比如传说中苏格兰尼斯湖的水中怪兽，人们都是把它想象成蛇颈龙的样子。

鳄鱼嘴大怪兽——长头龙

　　长头龙是远古的海洋爬行动物，生存于距今2亿多年前的中生代，它是一种巨大的海洋爬虫类，在分类上并不属于恐龙。

178

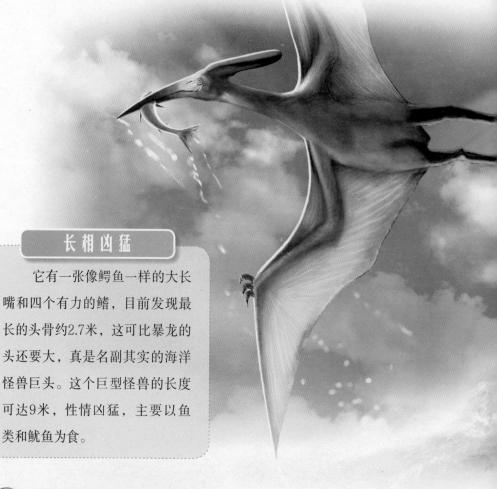

长相凶猛

　　它有一张像鳄鱼一样的大长嘴和四个有力的鳍，目前发现最长的头骨约2.7米，这可比暴龙的头还要大，真是名副其实的海洋怪兽巨头。这个巨型怪兽的长度可达9米，性情凶猛，主要以鱼类和鱿鱼为食。

物种档案

名称：长头龙

身长：9米

显著特征：嘴像鳄鱼，四个鳍

才能指数：★★★☆

史前世界全攻略

海林檎：大约生活在4亿多年前的海底。因体形像植物中的林檎(花红)而得名。实际上，它是一种棘皮动物，与今天的海参是同类。

合伙捕食

长头龙的嘴里长满了锋利的牙齿，它们充满活力，四处觅食。常常是一只大鱿鱼游到了附近，有两只长头龙兄弟同时发现了目标，像箭一般向鱿鱼冲去，其中一只眼疾嘴快，率先张开大嘴，可怜的鱿鱼就成了它口中的美味。

179

游泳姿势 在水中游泳时，长头龙靠尾巴左右摆动以推动身体前进，四肢则用来控制方向和保持平衡。

没有龟壳的大怪兽——古海龟

在距今7000多万年前，有一种海洋爬行生物，身长约4米多，它没有现在大海龟那样坚硬的外壳，却有着跟海龟很相似的长相，它就是古海龟，是现在存活的海龟——棱皮龟的祖先。这个胖家伙可是出名的慢脾气，干什么都不急，冬天还要在海床上找个地方睡大觉。

180

吃的食物

古海龟什么食物都吃，但要想吃肉，可能只是那些游到嘴边的鱼和贝类，没有鱼吃的时候，只能靠一些海洋植物充饥。

没有龟壳

就像我们喜欢挑选红红的大苹果吃一样，像沧龙那样的海洋猛兽，就喜欢盯上肉嘟嘟、行动缓慢的古海龟。或许有些小朋友会说，遇到危险它可以缩在龟壳里。可惜啊，在那个年代，古海龟还没有进化到它们后代的程度，只有肋骨组成的一层脆弱的壳，不能把头和四肢缩进去，这样它们很容易成为高级肉食动物的美餐。

史前世界全攻略

星木：生长在3.5亿年前，是最古老的陆生植物之一。高约0.5米，茎枝表面密布5毫米左右的鳞状突起，形状像小叶子。

物种档案

名称：古海龟

身长：4米多

显著特征：长得像海龟

才能指数：★★★☆

最终的海洋霸主——沧龙

在白垩纪晚期，蛇颈龙的海洋霸主地位受到了新的挑战。因为，这一时期，凶猛的沧龙出现了。

种类和大小

沧龙的种类很多，最小的也有4米，而最大的能长到17米。它的四只鳍像大船桨一样，尾部强有力地推动海水。随着沧龙的进化，后期种类的体形更大，更适合海中捕猎。

物种档案

名称: 沧龙

身长: 4~17米

显著特征: 游泳

才能指数: ★★★☆

史前世界全攻略

拟仙人掌鳞木：生长在2.85亿年前，是一种乔木状植物，高大粗壮，树干顶部多次两歧分枝，状如扩大的仙人掌。它的根状茎也有分枝。

海洋的霸主

作为白垩纪晚期的海洋霸主，沧龙甚至不把以前的海洋老大——蛇颈龙放在眼里。

看！又是一场海洋争霸战，一只沧龙冲向蛇颈龙，咬着蛇颈龙的长脖子死死不放，蛇颈龙也咬着它的背部，但它用强有力的尾巴一甩，便挣脱掉了。显然，沧龙更适合在海洋里作战。虽然在搏斗中它也伤痕累累，但昔日勇猛的蛇颈龙最终在它的大嘴中断了气。从此，沧龙主宰了那个时代的海洋，成为真正的王者。

MANBUKONGLONGSHIJIE

恐龙时代的

飞行巨兽

第5章

恐龙时代的天空统治者——翼龙

恐龙时代的天空被一群爬行动物统治着，它们的名字叫做翼龙。可能很多小朋友都认为翼龙是恐龙的一种，其实不是这样的，翼龙和恐龙生活在同一时代，是能够在天空飞行或滑行的爬行动物，翼龙大约起源于2.2亿年前，与恐龙同时绝灭于6500万年前。

186

翼龙飞翔的秘密

翼龙能像鸟类一样在天空自由飞翔吗？一直以来，古生物学家们都在争论，有部分人认为翼龙并不能自由飞翔，而是只能在高处滑翔而已。然而，经美国的科研人员研究，翼龙不但能够飞行，还很可能是飞行高手。通过用电脑三维技术复原翼龙大脑图像，发现翼龙小脑叶片很发达，比现在的鸟类要高得多，从而说明翼龙的平衡能力比鸟类要高，应该能够自由飞翔。

史前世界全攻略

科达树：生长在20.3亿年前的沼泽地区。古乔木，高可达30米以上，茎直立，树冠密生小枝，小枝上有大而长的叶子。

物种档案

名称： 翼龙

身长： 不详

显著特征： 空中飞翔

才能指数： ★★★☆

187

能飞行的薄翼

　　翼龙是爬行动物，有两个前肢和两个后肢，前肢还分化有五指。后来，前肢高度进化，第四指变得又粗又长，这部分由四节骨头组成，前端形成翅尖，与身体侧面和后肢的膜相连，形成了像鸟类翅膀一样的翼膜。它的第一指、第二指和第三指在翼膜的外侧，形成了一个小爪，第五指完全退化了。在飞行时，翼龙完全靠第四指来支撑翼膜。

物种档案

名称：披羽蛇翼龙

身长：双翅展开可达12米

显著特征：巨大的翅膀

才能指数：★★★☆

188

史前世界全攻略

裸蕨：生长在3.5亿年前，是最古老的陆生植物之一。地上茎直立，高可达1米以上。侧枝连续两歧分叉，可多达六次。

空中巨无霸——披羽蛇翼龙

　　披羽蛇翼龙是翼龙中最大的一种，长着像蝙蝠一样的翅膀，在白垩纪时期，它出现在天空中，像一架飞机一样盘旋着寻找食物。

巨大的翅膀

　　披羽蛇翼龙中有一种比较出名的风神翼龙。它有一对巨大的翅膀，展开能达到12米。这个名字来源于它在挥动大翅膀时，会带来一阵风，就像风神来临一样。

　　奇怪的是，化石研究发现，大多数披羽蛇翼龙并没有羽毛，只有皮毛。它能够飞翔，是因为骨头很细，而且是空心的，这样，它的体重就非常轻，翅膀展开后能够借着风力飞行。

吃甲壳类或贝壳类动物

　　披羽蛇翼龙爱吃一些甲壳类或贝壳类动物，有时也在海洋里直接捕食鱼类。有的小朋友可能会惊奇地问："它是在天上飞的，难道还吃鱼？"是的，科学家经过研究，证明翼龙是吃鱼的。能在天空中飞行，也许就是翼龙在恐龙时代一直能够生存的优势所在。

海陆空"三栖"恐龙
——无齿翼龙

无齿翼龙当然是没有牙齿的，它长着尖尖长长的喙状嘴，很像现在的鸟类。最特别的是，它头顶有一个漂亮的长冠，向后长着。它的冠可能用于求偶，可能在飞行时起着掌握方向的作用，也可能是为了平衡长长的嘴。

190

物种档案

名称：无齿翼龙

身长：两翅展开有7米多

显著特征：巨大的翅膀

才能指数：★★★☆

史前世界全攻略

木贼生长在2.3亿年前，高可达1米，是多年生直立草本蕨类植物。茎粗大，直径有10厘米，茎上有节，节间中空。

巨大的两翼

无齿翼龙的两翼展开，大约有7米长，而身体很小，还没有一个翼长呢。

捕食场面

几只无齿翼龙在一片浅海的上空飞翔，它们睁大眼睛盘旋着，就像人们在路口徘徊等待一样。

一条小鱼并没有意识到危险，它快乐地跃出水面，还没等激起的水花落下，它就成了一只无齿翼龙的腹中食。接着，又有几条鱼跃出，当然，这些鱼最终的命运都是一样的。

几只眼疾嘴快的翼龙已经吃饱了，它们飞到海岸上，享受着太阳浴。那时候，地球上的气候还是很温暖的，阳光还是很柔和的。

另外几只翼龙已经等不及鱼儿们自动"送上门"了，它们干脆落在海里，一边游泳，一边寻找着鱼类和贝壳类食物。

等同伴们吃饱后，无齿翼龙结伴走到一个斜坡上，它们要干什么呢？原来，它们无法像现在的鸟类一样随时起飞，而是要借助风力。你看，它们就像一群赛跑的运动员，越跑越快，然后就飞了起来，一直飞向蓝天。

像鸟又像恐龙——始祖鸟

1.5亿年前，在德国天空上，有一只大鸟在飞翔。它的翅膀很长，但并不像现在的鸟，因为它还长着长长的尾巴和长长的腿。那时候，地面上没有楼房和工厂，但是天空中的鸟儿也很少，偶尔看到的，也都是这种大鸟。哦，不对，还有会飞的小虫，不然，那些大鸟吃什么呢。

192

可能是鸟类的祖先

这种大鸟被科学家称为始祖鸟，也就是地球上最早的鸟。它长着末端圆形的翅膀和较长的尾巴。整体而言，始祖鸟可以成长至0.5米长。它的羽毛与现今鸟类羽毛在结构及样子上很相似。

史前世界全攻略

本内苏铁：生长在1.7亿年前的我国北方。这种古代植物，茎粗，叶子呈羽毛状，与现代的苏铁相似。

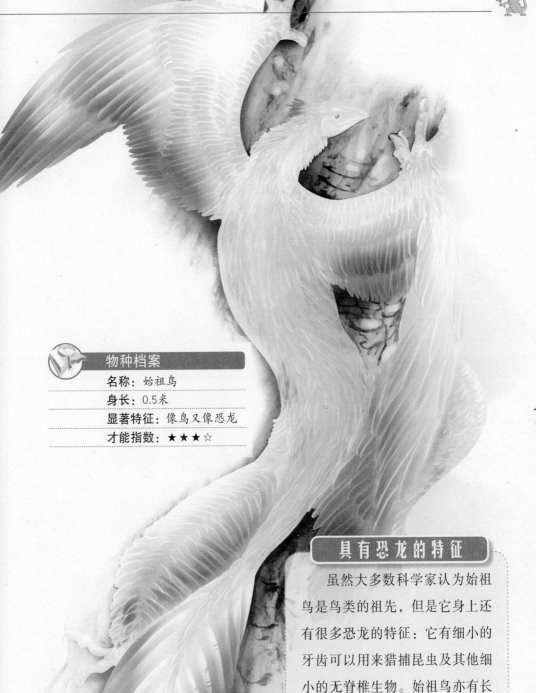

物种档案

名称：始祖鸟

身长：0.5米

显著特征：像鸟又像恐龙

才能指数：★★★☆

具有恐龙的特征

虽然大多数科学家认为始祖鸟是鸟类的祖先，但是它身上还有很多恐龙的特征：它有细小的牙齿可以用来猎捕昆虫及其他细小的无脊椎生物。始祖鸟亦有长长的骨质的尾巴，它的脚有三个长爪，不像现今鸟类有的特征，却与恐龙极为相似。

震惊世界的发现——中华龙鸟

中华龙鸟，它的名字就让我们知道，它是像恐龙的鸟，而且生长在中国。其实，它是像鸟的恐龙，更确切的名字是"中华鸟龙"，但是根据生物命名法的原则，名字是不能更改的。

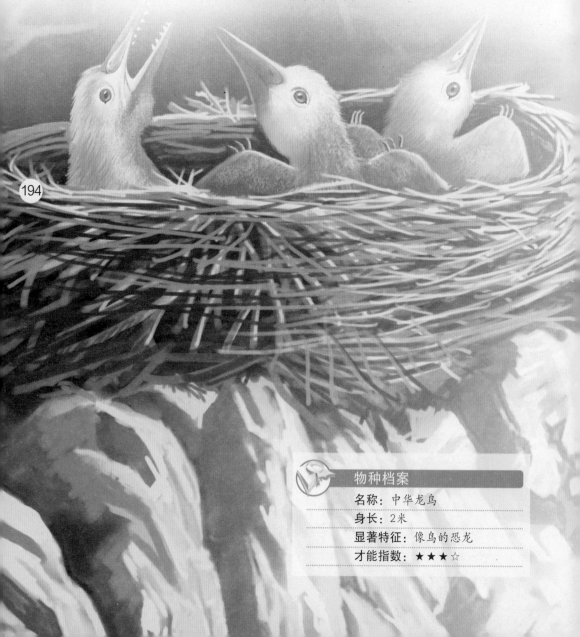

194

物种档案

名称：中华龙鸟

身长：2米

显著特征：像鸟的恐龙

才能指数：★★★☆

身上长着绒毛

中华龙鸟的身上有一层像羽毛一样的绒毛，有人说这是羽毛的前身，有人说这是最原始的羽毛，还有人说这是一种类似于爬行动物表皮的结构。现在，我们先称它为"羽毛"吧。小鸟有了羽毛，就能在天空中飞翔，而小恐龙长了羽毛，也能飞到空中吗？经科学家研究，它是无法飞翔的。它的短羽毛只能保护皮肤和保持体温。

红藻生长在大约50亿年前的海洋里，形状如叶片。藻体中除了含有叶绿素和类胡萝卜素外，还有大量藻红素，所以呈现红色。

长相奇怪

中华龙鸟的身长一般在2米以内，前肢很短，爪钩锋利，用于捕食；后肢细长，用于奔跑。它的尾巴很长，一只身长1米的中华龙鸟，它的身体和这本书的长度差不多，而尾巴却比两本书拼在一起还要长。

中华龙鸟长着尖尖的嘴，它的嘴里有很多锐利的牙齿，牙齿的内侧就像锯齿一样，难怪它喜欢捕捉一些小动物吃。

聪明的大头恐龙
——中国猎龙

中国猎龙是更现代的鸟类。它的前肢已经进化成了像鸟类一样的翅膀，它的翅膀可以像鸟一样向两边张开，收拢，但是不会飞翔。

196

物种档案

名称： 中国猎龙

身长： 不详

显著特征： 翅膀上长爪子

才能指数： ★★★☆

翅膀上长爪子

中国猎龙的翅膀上还保留着爪子，后肢细长，看起来就像一只踩着高跷的大鸟。它的每只脚上都有三趾，趾上长着尖尖的、锋利的弯趾甲。小朋友们是不是想到了老鹰啊？是的，它们就像老鹰一样凶猛。

史前世界全攻略

古海草：大量生长在大约60~10亿年前的海洋里，给海洋增添了新的色彩。古海草是藻类植物中的一种。

非常聪明

中国猎龙的头更像鸟。圆圆的小脑袋被绒毛覆盖着，圆溜溜的小眼睛，尖尖的嘴很像鸟喙，只是鸟的嘴里没有牙，而它的嘴里长着细小的牙齿。

它的脑袋虽然小，但是同身体比起来，那可算得上是大头了。所以有人说，它可能是最聪明的恐龙。我们无法知道它是否真的聪明，但可以肯定的是，它的听觉系统比其他恐龙好。

图书在版编目（CIP）数据

漫步恐龙世界 / 学习型中国·读书工程教研中心主编 . -- 南京：江苏凤凰科学技术出版社，2016.8
（小学生爱读本）
ISBN 978-7-5537-5370-6

Ⅰ.①漫… Ⅱ.①学… Ⅲ.①恐龙－少儿读物 Ⅳ.
① Q915.864-49

中国版本图书馆 CIP 数据核字 (2015) 第 222664 号

漫步恐龙世界

主　　　编	学习型中国·读书工程教研中心	
责 任 编 辑	张远文　　葛　昀	
责 任 监 制	曹叶平　　方　晨	

出 版 发 行	凤凰出版传媒股份有限公司
	江苏凤凰科学技术出版社
出版社地址	南京市湖南路 1 号 A 楼，邮编：210009
出版社网址	http://www.pspress.cn
经　　　销	凤凰出版传媒股份有限公司
印　　　刷	北京富达印务有限公司

开　　　本	718mm×1000mm　1/16
印　　　张	12.5
字　　　数	90 000
版　　　次	2016年8月第1版
印　　　次	2016年8月第1次印刷

标 准 书 号	ISBN 978-7-5537-5370-6
定　　　价	24.80元